統計学入門

第7版

杉田暉道
医療法人 明佳会 介護老人保健施設すこやか・講師

朽久保 修
横浜市立大学名誉・特任教授・情報システム予防医学

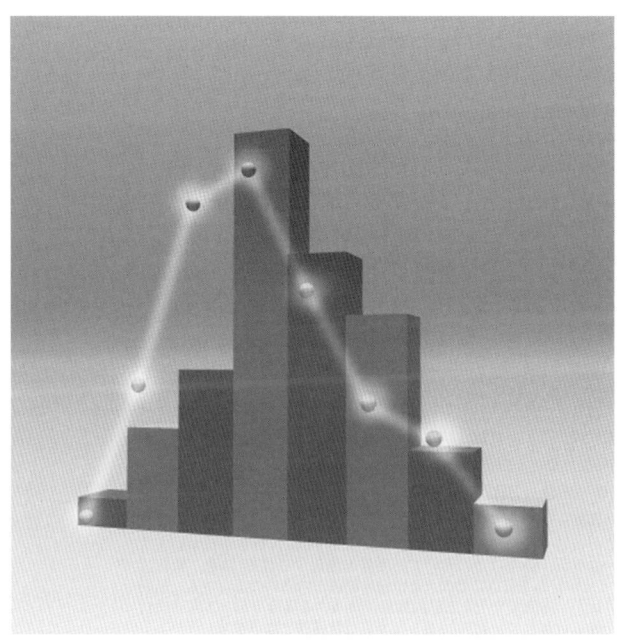

医学書院

統計学入門

発　行	1968 年 9 月 10 日	第 1 版第 1 刷
	1971 年 3 月 15 日	第 1 版第 3 刷
	1972 年 3 月 1 日	第 2 版第 1 刷
	1975 年 8 月 1 日	第 2 版第 5 刷
	1976 年 2 月 15 日	第 3 版第 1 刷
	1983 年 8 月 1 日	第 3 版第 9 刷
	1984 年 2 月 1 日	第 4 版第 1 刷
	1990 年 3 月 15 日	第 4 版第 8 刷
	1990 年 11 月 1 日	第 5 版第 1 刷
	1995 年 12 月 1 日	第 5 版第 6 刷
	1997 年 1 月 15 日	第 6 版第 1 刷
	2000 年 3 月 1 日	第 6 版第 2 刷
	2001 年 6 月 1 日	第 7 版第 1 刷©
	2021 年 10 月 1 日	第 7 版第 12 刷

著　者　杉田暉道　栃久保　修

発行者　株式会社　医学書院
　　　　代表取締役　金原　俊
　　　　〒113-8719　東京都文京区本郷 1-28-23
　　　　電話　03-3817-5600(社内案内)

印刷・製本　三報社印刷

本書の複製権・翻訳権・上映権・譲渡権・貸与権・公衆送信権(送信可能化権を含む)は株式会社医学書院が保有します．

ISBN978-4-260-13878-9

本書を無断で複製する行為(複写，スキャン，デジタルデータ化など)は，「私的使用のための複製」など著作権法上の限られた例外を除き禁じられています．大学，病院，診療所，企業などにおいて，業務上使用する目的(診療，研究活動を含む)で上記の行為を行うことは，その使用範囲が内部的であっても，私的使用には該当せず，違法です．また私的使用に該当する場合であっても，代行業者等の第三者に依頼して上記の行為を行うことは違法となります．

[JCOPY] 〈出版者著作権管理機構　委託出版物〉

本書の無断複製は著作権法上での例外を除き禁じられています．複製される場合は，そのつど事前に，出版者著作権管理機構(電話 03-5244-5088，FAX 03-5244-5089，info@jcopy.or.jp)の許諾を得てください．

第7版改訂にあたって

　本書は1968年(昭和43年)に初版を出版してから,「わかり易い統計学」の本として実に30年近くもの間,多くの読者に読まれ,利用されてきた。
　これは初版の序文で述べたように,公式の説明をはじめとして,文章ではできる限り数学的な記号を用いないで,むずかしい理論はなるべく用いず,"感じ"に訴える方法で,できる限りやさしく執筆したことが大きく影響していると思われる。
　時世は変わって最近の統計学分野での計算は手計算から電卓,パソコンによる計算へと飛躍的に進歩しつつある。これがきっかけとなって,統計学的には優れた分析方法でありながら,計算方法が複雑であるために,あまり実用化されなかった「多変量における統計解析」などの方法が急速に利用されるようになってきた。
　そこで著者らは長年の懸案であった本書の体裁を改善し,「多変量における統計解析」の章を追加した。
　本章の体裁の改善については,文章全体を電卓・パソコンによる計算にマッチするように書き改め,練習問題とその解答については,本文と異なることがはっきりわかるように,字の大きさを小さくし,各行の字数も少なくして,各頁の文章を読み易いように工夫した。
　「多変量における統計解析」については,その専門分野に立ち入ることはさけ,日常多く用いられる多変量における統計手法は,分散分析,重回帰分析および判別分析についてその方法の概略と解釈について述べた。
　以上述べたように,今回は思いきった改善を行ったが,読者の便利性を考えてできる限り頁数を増加しないように努力した。
　なお数式は巻末にまとめて収録し,全体の流れを判り易くした。

　　平成13年4月

著者ら

初版序

　一般に統計というとなにかわれわれの生活とは別な学問と考えがちである。また現にそう考えている人がきわめて多い。しかし，統計が現在ほど重んぜられたことはいままでかつてなく，さらに今後どれほどその必要性が増加するか測り知れないものがある。1例をあげれば，電車賃やガス代は統計的な操作から決められていることは案外知られていない。また厚生白書・経済白書・その他の白書というものが，それぞれの官庁から毎年出されているが，厚生白書によってわが国民の健康状態および医療状況その他社会保障に関係あることが明らかとなり，経済白書によってわが国の経済水準および将来の経済の見通しなどが明らかになる。これらの白書はすべて統計学的な処理による成績がその骨格をなしているのである。またラッシュアワーのなかで各駅とも最も混雑する時間はわずかに30分間であるが，これも統計学的な調査方法によってはじめて明らかになったものである。

　ところで，われわれの従事している医療分野は，他の分野に比べると最も統計を利用していないといえる。このために業務量およびその地位において非常に大きな損失をこうむっているということは明らかな事実である。この原因は種々のものが考えられるが，いちばん大きな障害になっているのは，医師および看護婦を養成する教育制度と，卒業後の指導体制に欠陥があると考えられる。もっと端的にいえば，医療にたずさわるものは封建制度の社会のなかにあるということである。このままの状態では医師および看護婦の相対的地位はますます低下し，その反面，職種内容として，人命を救うという重い任務をせおわされる（すなわち職種と社会的経済的較差が増大する）という，憂うべき状態になるであろうといわざるをえない。

　われわれはこのような状態を脱却するためにも，ぜひとも統計というものをしっかりと把握して，統計学的な分析方法を身につけたいと思う。実

際に統計学的に検討したいというときに，その方面の参考書をみれば，記載されている内容が理解できる程度にはなりたいと思う。

　しかし統計はとっつきにくいことは事実である。勉強しようと専門書を開いても，冒頭から理解しにくい数学的な記号がでると，どうしてもやる気がなくなってしまう。本書では，この関門を突破する方法として，数学的な記号をほとんど用いないで執筆した。統計学の本としてはこれ以上やさしいものはないだろう。しかし一面公式の説明などに無理が生じ，かえってむずかしく感ずるところがあるかもしれない。今後おいおいと改善していきたいと思う。

　なお，実験または調査をするにあたって，どのように計画をたてたらよいか，そのときの統計学的な処理にはどの方法を用いたらよいかが，最も知りたいわけである。したがってこの項を，平均値，百分率および相関関係数のあとに設けて解説した。不完全であるが大いに活用していただければ幸いである。

　最後に本書を利用するには，記載された公式および結論の導き方を，りくつをぬきにして素直に受け入れてやってほしい。公式および結論を導く方法の説明は，できるだけ"感じ"に訴える方法で行った。これを完全に理解するには数学的な方法（巻末参照）で行わなければならないことは論をまたない。

　　昭和43年8月

　　　　　　　　　　　　　　　　　　　　　　　　　　　　　　　　著者

目 次

1. 母集団と標本 ———————————————————————————— 1
   - § 1・1 　標本の選び方 ——— *1*
   - § 1・2 　平均値と散布度 ——— *3*
   - § 1・3 　母集団の分布 ——— *21*
     - 正規分布表の読み方 ——— *24*
   - § 1・4 　統計学（推計学）において扱う問題 ——— *24*

2. 平均値 ———————————————————————————————— 29
   - § 2・1 　母平均の推定 ——— *29*
     - 1．母標準偏差がわかっている場合，または母標準偏差はわからないが，標本の例数が40例以上の場合 ——— *29*
     - 2．母標準偏差はわからず，標本の例数が40例未満の場合 ——— *32*
     - t 分布表の読み方 ——— *33*
   - § 2・2 　母集団の正常範囲 ——— *36*
     - 1．母標準偏差がわかっている場合，または母標準偏差はわからないが，標本の例数が40例以上の場合 ——— *37*
     - 2．母標準偏差はわからず，標本の例数が40例未満の場合 ——— *38*
     - 3．スミルノフ棄却検定法 ——— *39*
   - § 2・3 　母平均と標本平均の比較 ——— *41*
     - 1．母標準偏差がわかっている場合，または母標準偏差はわからないが，標本の例数が40例以上の場合 ——— *41*
     - 2．母標準偏差はわからず，標本の例数が40例未満の場合 ——— *45*
   - § 2・4 　2つの標本平均の比較 ——— *49*
     - 1．対応のない場合 ——— *50*
       - a) 標本の例数が40例以上の場合 ——— *50*
       - b) 標本の例数が40例未満の場合 ——— *54*

2．対応のある場合—— *70*

3. 百分率 —————————————————————————— *77*

§ 3・1　母百分率の推定—— *78*

1．標本の例数の多い場合—— *78*

2．標本の例数の少ない場合—— *80*

§ 3・2　母百分率と標本百分率の比較—— *82*

1．標本の例数の多い場合—— *82*

　　a）正規分布による方法—— *82*　　b）χ^2検定—— *82*
　　c）χ^2分布表の読み方—— *84*

2．標本の例数の少ない場合—— *87*

§ 3・3　2つの標本百分率の比較—— *90*

1．標本の例数の多い場合—— *90*

　　a）正規分布による方法—— *90*　　b）χ^2検定—— *91*

2．標本の例数の少ない場合—— *94*

　　a）対応のない場合—— *94*　　b）対応のある場合—— *97*

§ 3・4　いくつかの標本百分率の比較
　　　　（どちらかの組み分けが2つの場合）—— *98*

4. 相関関係 ————————————————————————— *104*

§ 4・1　相関—— *104*

§ 4・2　相関係数—— *105*

1．相関係数の解釈—— *106*

2．相関係数の計算—— *106*

3．相関係数の検定—— *108*

§ 4・3　順位相関—— *115*

5. 多変量における統計分析 ——— 122

§5・1 分散分析法 ——— 124

§5・2 重回帰分析 ——— 129

§5・3 判別分析 ——— 132

6. 標本の選びかた ——— 137

§6・1 調査または実験の目的の数 ——— 137

§6・2 2つの標本の条件 ——— 137

　1．2つの標本の年齢，性 ——— 138

　2．標本の患者は同一病期のものであること ——— 138

　3．健康者の条件 ——— 139

　4．対照として健康者以外のものを求める方法 ——— 139

§6・3 妥当な標本の例数 ——— 139

　1．平均値の場合 ——— 139

　2．百分率の場合 ——— 142

　3．相関関係の場合 ——— 142

7. 公式と記号 ——— 144

付表 ——— 158

1．正規分布表 ——— 158
2．t 分布表 ——— 158
3．χ^2 分布表 ——— 159
4．F 分布表（5％）(1) ——— 160
5．F 分布表（5％）(2) ——— 162
6．F 分布表（2.5％）(1) ——— 164
7．F 分布表（2.5％）(2) ——— 166
8．F 分布表（1％）(1) ——— 168
9．F 分布表（1％）(2) ——— 170
10．フィッシャーのZ変換(1) ——— 172
11．フィッシャーのZ変換(2) ——— 173
12．マンホイットニーのU検定表 ——— 174
13．順位相関係数の片側検定表 ——— 174
14．ギリシャ文字 ——— 175

索引 ——— 177

1 母集団と標本

§ 1·1 標本の選び方

　統計学は集団に関する数量的研究法で，その集団の取り扱いの違いによって記述統計学と数理（推測）統計学に分けられる。記述統計学は原因に関する仮説の設定を行い，大量の観察資料の分類や特徴を記述し，なんらかの決定をするために情報をうることを目的とし，必ずしも精密な分析を目指してない。これに対して数理統計学は対象とする集団（母集団）から得られたわずかな情報をもとに確率理論に基礎をおき，集団の特徴を推測して仮説の数理的証明を目的としている。その調査分析のために母集団から選び出された一部の集まりを標本（サンプル）といい，母集団から標本を選ぶことを抽出（サンプリング）という。標本の例数を標本の大きさという。統計学の手法を用い標本のデータを分析する際にその標本がどのように選び出されるかによって分析結果のもつ意味が大きく異なる。まず初めに，調査や研究の目的と仮説を明確にする。このためには既存の文献や資料の検討をし，常にその標本の適格性を吟味する必要がある。例えばありふれた風邪のような病気に対し，新薬の治療効果を判断するのに20～30例で判定できるであろうか。風邪は判断がむずかしく，年齢や職業別ばかりでなく，症状の程度も様々である。自然治癒や心理的効果による標本内の変動が大きいことも考慮しなくてはならない。またその標本のとり方に注意しないと，種々のかたより（バイアス）が生ずる。主観的に選択した

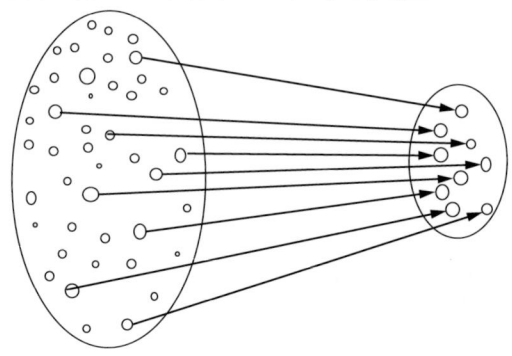

図1 母集団と標本の選び方

り，なんらかな先入観があって標本を選ぶと結論を誤ることになる．例えば新薬の調査を希望する人と希望しない人では生活背景や教育水準が異なり心理的効果も異っているかもしれない．

母集団をもっとよく表す標本を抽出する方法として，一般には乱数表などを用いて無作為抽出法が用いられる．それには母集団のすべての固体がほかの選び方に無関係で同じ確からしさで抽出（無作為）される**単純無作為抽出法**，母集団を性別や年齢別などのいくつかのグループ（部分母集団）に分割し，各グループより標本を各々で無作為に抽出する**層別抽出法**，母集団をいくつかのグループに分割し，無作為抽出によっていくつかのグループを抽出し，その選ばれたグループごとにさらに無作為抽出を行う**2段抽出法**，その抽出の段階をさらに多くした**多段抽出法**などがある（図1）．

統計学においては，いずれにしても信頼できる結論（要約化と普遍化を行った一般的結論）が得られるような標本（データ）を選ぶ計画をたて，適切な分析を行い，その分析結果からいかに妥当で正確な結論を引きだせるか，そして最後にどの程度までその結論（単なる関連なのか因果関係なのか，あるいは第3の要因による交絡関連なのかなど）が信用できるかを

常に考えておかなければならない。

§ 1·2　平均値と散布度

統計処理されるデータをよく観察すると，**計量データ（定量的データ）**と**計数データ（定性的データ）**に分けられる。前者はある「物差し」によって数値として表わすことができ，身長，体重，血圧，年齢などを指し，平均値で評価できる。後者は特定の項目についていくつかの分類を行い，それぞれの分類に該当する例数を検討するものをいう。その例としてある疾患の既往歴の有無，血液型，尿中の蛋白，や糖の排泄の有無，学歴，職業などがあげられ，**百分率（比率）**で評価できる。

ところで，ある項目について，計量データを計数データで表現する場合がある。例えば，ある集団において血圧を測定した結果から，低血圧，正常，高血圧ぎみ，高血圧と4段階に分ける例などがこれに相当する。この例から推察できるように，統計処理の結果を理解するには計数データの方が計量データより判り易い。しかし計量データは平均値や標準偏差（平均値と各測定値のばらつき）などの散布度（5頁）を示す数値が求められるので，計数データより多様な統計解析を行うことができる。

したがって計数データを計量データに変換する方法が考え出された。とくにコンピュータなどが普及するにつれてこの種の計算が容易になり，ある種の病気の診断をコンピュータで解析するまでにいたった（先天性心疾患，脳卒中，肥満の体型別の診断など）。

さて，調査または実験によって得た計量データの性質を調べるには，まず代表値と散布度を求めるのがふつうである。以下20名のヘマトクリット値（単位%），

　　48.7, 49.0, 56.1, 49.5, 49.0, 48.5, 48.4, 55.0, 49.4, 48.4
　　49.0, 50.2, 48.9, 50.3, 49.6, 50.4, 51.0, 45.1, 51.1, 45.2

の実例を用いて説明していこう。代表値とはデータを代表する値をいい，

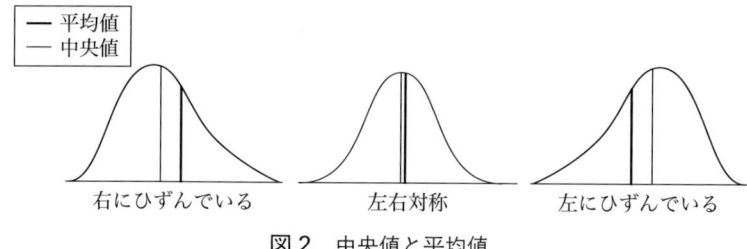

図2　中央値と平均値

これには種々あるが，最も広く用いられるのは**算術平均値（相加平均値）**で，データの各測定値の合計を例数で割ったものである．一般には単に**平均値**といっている．すなわち，

$$\text{平均値} = \frac{\text{各測定値の合計}}{\text{例数}} \tag{1.1}$$

ヘマトクリット値20例の平均値は，下記の数値となる．

$$\text{平均値} = \frac{992.8}{20} = 49.64$$

注 1) データを代表する値には，平均値のほかに，**中央値，最頻値（流行値または並数^{なみすう}）**などがある．中央値とは各測定値を大きい順または小さい順に並べたとき，中央にくる値をいう．例数が奇数のときは，ちょうど中央の値があるが，**偶数**ではない．このときは中央の2つの測定値の平均値をとる．たとえば，4名のヘマトクリット値が，
　　48.7, 49.0, 56.1, 49.5
であるとすると，これを順序よく並びかえて，
　　48.7, 49.0, 49.5, 56.1
とする．中央値は，真中の49.0と49.5の平均値となる．すなわち，

$$\text{中央値} = \frac{1}{2}(49.0 + 49.5) = 49.25$$

となる（図2）．この値はあとで出てくる**表1**にも用いられている．
　最頻値とは度数分布表（10頁参照）において最も頻度の高い測定値をいう．
例えばある村で女子の結婚年齢を調べたら，

年齢	19	20	21	22	23	24	25	26	27	28	29	30
人数	1	3	4	10	13	8	8	3	4	6	5	2

であったとすると，最頻値は23歳となる．このように最頻値は，結婚年齢，家庭の子どもの数を調査する場合とか，管理上，問題を発見したり，管理対象を定めたり，質的な分類をするときなどによく用いられる．

注2) 今後の小数点以下の数値の計算においては，小数点以下必要なけたの数値を求めたら，最後のけたの数値を4捨5入しないで，そのままの数値を用いて次の計算を行うことにする．最終の結果の数値も計算によって得られた数値をそのまま使用することにする．

ところで平均値のみでは，データ全体の性質を示すことはできない．平均値はあくまでデータ全体の平均を示しているにすぎないからである．したがって各測定値が平均値よりどの程度はずれているかという度合いも知る必要がある．この各測定値の平均値からのばらつきの程度を示すものを**散布度**という．これには，**分散，標準偏差，変動係数，標準誤差**などがある．

まず分散について説明しよう．

それには**偏差平方和**（**偏差2乗和**または**変動**）について述べなければならない．各測定値と平均値とのばらつきの程度をみようとする場合，一般に考えられる方法は，平均値と各測定値との差を合計する方法である．つまり（各測定値－平均値）の合計である．ところが，この方法ではそれぞれの測定値には平均値より大きいものもあり，小さいものもあるから，（各測定値－平均値）の値は正（＋）または負（－）となり，これらの値をそのまま合計すると零（0）に近くなる．これでは平均値と各測定値とのばらつきの程度を正確に表すことができないので，(各測定値－平均値)^{2}の合計でこれを表すことに決めている．（各測定値－平均値)^{2}の合計を偏差平方和という．この計算は実際には簡略化して，

偏差平方和＝(各測定値－平均値)^{2}の合計

$$= (各測定値)^2 の合計 - \frac{(各測定値の合計)^2}{例数} \quad (1.2)$$

または,

$$偏差平方和 = (各測定値)^2 の合計 - 例数 \times (平均値)^2 \quad (1.3)$$

で行う。ヘマトクリット値20例について計算すると,

$$偏差平方和 = 48.7^2 + 49.0^2 + \cdots\cdots + 45.2^2 - \frac{(992.8)^2}{20}$$

$$= 49405.80 - 49282.59$$

$$= 123.21$$

または,

$$偏差平方和 = 48.7^2 + 49.0^2 + \cdots\cdots + 45.2^2 - 20 \times 49.64^2$$

$$= 49405.80 - 49282.59$$

$$= 123.21$$

となる。

　偏差平方和は上記の算出方法から明らかなとおり,データ全体についての平均値と各測定値とのばらつきの程度を示しているものである。

　分散は偏差平方和を(例数−1)で割ったものである。すなわち,

$$分散 = \frac{偏差平方和}{例数 - 1} \quad (1.4)$$

ヘマトクリット値20例について計算すると,

$$分散 = \frac{123.21}{20 - 1} = 6.48$$

となる。

　式(1.4)の分母,(例数−1)はこの標本の**自由度**と呼ばれる。なぜ(例数−1)が自由度であるかというと,例数および平均値が決定している標本があるとする。例えば例数が30個であると,(例数−1)すなわち29個はいかなる値をとってもよいが,残りの1個はすでに決っている平均値になるような値をとらなくてはいけない。すなわち(例数−1)個の数値は自由であるが,

1個だけは決まっている平均値にするために自由な値が取れず，(例数－1)個の数値いかんにより決定される．したがってこの標本の自由度は(例数－1)である．自由度は時と場合により求め方が異なり，初学者にはわかりにくい概念である．

偏差平方和を自由度で割った分散を**不偏分散**(母分散の不偏推定量)ともいう．

分散は測定値1個あたりの平均値とのばらつきの程度を示している．そしてその単位は2乗値であるため，各測定値または平均値などの数値と比較するときには，分散の正の平方根を用いたほうが便利である．というのは，各測定値や平均値などは2乗値でなく，実数そのものであるから，単位が異なるためである．分散を正の平方根にした値を**標準偏差**という．

$$標準偏差 = \sqrt{分散} = \sqrt{\frac{偏差平方和}{例数－1}} \tag{1.5}$$

ヘマトクリット値20例について計算すると，

$$標準偏差 = \sqrt{6.48} = 2.54$$

となる．

分散は前述のように偏差平方和を自由度＝例数－1で割って求めるのが正しい方法であるが，例数が40例以上あれば偏差平方和を(例数－1)で割っても，例数で割ってもその値はほとんど変わらないので例数が40例以上あれば分散は

$$分散 = \frac{偏差平方和}{例数} \tag{1.4'}$$

で求めることができる．したがって標準偏差は

$$標準偏差 = \sqrt{分散} = \sqrt{\frac{偏差平方和}{例数}} \tag{1.5'}$$

となる．よって本書では例数が40例以上の標本の分散，標準偏差は式(1.4')，式(1.5')で求めることにする．

つぎに**変動係数**について説明しよう．

これは標準偏差を平均値で割ったものである。普通100倍して%で表す。

$$変動係数 = \frac{標準偏差}{平均値} \times 100 \qquad (1.6)$$

ヘマトクリット値の実例について計算すると，

$$変動係数 = \frac{2.54}{49.64} \times 100 = 0.0511 \times 100 = 5.11(\%)$$

これは測定値1個あたりの平均値とのばらつきの程度を示すものであるが，標準偏差とは異なって次のような場合に用いられる。

（1）比較する2つの集団の単位は同じであるが，平均値が極めて違うときに用いられる。例えば，成人女子の体重と10歳の女子の体重を比較すると，

	平均値	標準偏差
成人女子	51.1 kg	5.0 kg
10歳女子	26.5	3.7

であった。標準偏差では成人のほうが大きいので，この数値から直ちに成人では，非常にやせた人や，非常にふとった人もいて，体重の個人差が10歳の女子より大きいといえるだろうか。

ここで考えなければならないことは，成人では体重が2倍も重いことである。もし同じ体重であったらどうだろうか。それで変動係数をとってみると，

$$成人女子の変動係数 = \frac{5.0}{51.1} \times 100 = 9.7(\%)$$

$$10歳女子の変動係数 = \frac{3.7}{26.5} \times 100 = 13.9(\%)$$

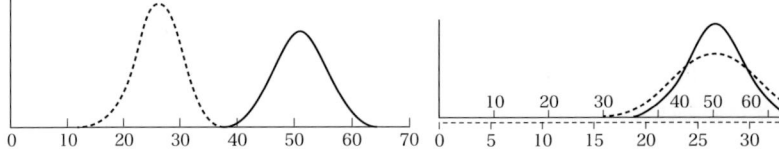

図3-a　成人女子（実線）と10歳女子（点線）の体重分布

図3-b　成人女子（実線）と10歳女子（点線）の平均値が一致するようにした体重分布

で10歳の女子の変動係数のほうが成人女子よりも大きいという結果となる。すなわち，10歳のほうがばらつきの程度が大であるということがわかる。図 3-a は体重の実測値をグラフに示したもので，図 3-b は両方の度数分布の中心（平均値）が一致するように描き直したものである。

（2）比較する2つの集団の性質が違うときに用いられる。例えば100名の女子の身長と体重を測ったら，

	平均値	標準偏差
身　長	152.7 cm	2.3 cm
体　重	52.3 kg	2.5 kg

であった。標準偏差そのままの値では，身長と体重はほとんど差がないように考えられる。しかし変動係数を計算すると，

$$身長の変動係数 = \frac{2.3}{152.7} \times 100 = 1.5(\%)$$

$$体重の変動係数 = \frac{2.5}{52.3} \times 100 = 4.7(\%)$$

となり，体重のほうが身長よりばらつきの程度がかなり大きいこと，すなわち個人差が大であることがわかる。

最後に**標準誤差**について述べよう。

これは平均値のばらつきの程度を示すものである。いま，ある平均値を出したと同じような条件で同じような例数の集団を用いて，何回も同じような実験を行うと，いくつかの平均値が出る。それらの平均値のばらつきの程度を示すものである。そして，

$$標準誤差 = \frac{標準偏差}{\sqrt{例数}} \tag{1.7}$$

で計算することができる。2頁の20例のヘマトクリット値の実例で計算すると，

$$\text{標準誤差} = \frac{2.54}{\sqrt{20}} = \frac{2.54}{4.47} = 0.56$$

さて，いままで述べてきた平均値，分散，標準偏差などを計算する場合，例数が多くなり，30～50例以上になると，上記の公式では計算が非常に面倒になるので，**度数分布表**をつくって計算することもできる。

いま50名のヘマトクリット値が，

48.7	49.0	56.1	49.5	49.0
48.5	48.4	55.0	49.4	48.4
49.0	50.2	48.9	50.3	49.6
50.4	51.0	45.1	51.1	45.2
51.5	45.2	51.0	45.5	50.9
44.9	50.1	46.2	52.3	46.4
52.3	46.5	52.5	47.8	52.4
47.4	53.4	47.5	53.5	47.4
41.0	47.0	42.4	47.8	43.3
47.6	54.0	48.8	49.2	44.3

であったとき，データの測定値を一定間隔をもったいくつかの級に分け，この級を小さいものから大きいものの順に並べ，これに該当する人数また

表1　度数分布表

ヘマトクリット値(%)		度数
級	中央値	(人数)
40.0～42.0	41.0	1
42.0～44.0	43.0	2
44.0～46.0	45.0	6
46.0～48.0	47.0	10
48.0～50.0	49.0	13
50.0～52.0	51.0	9
52.0～54.0	53.0	6
54.0～56.0	55.0	2
56.0～58.0	57.0	1

は個数（これを**度数**という）を**表1**のように示したものを度数分布表という。ここで一定間隔を**級間隔**（表1では2％）といい，40.0〜42.0は40.0以上で42.0未満ということを，42.0〜44.0は同様に42.0以上で44.0未満ということを示している。級の数はふつう5〜15ぐらい（表1では9）にとるのがよい。また級間隔は歯切れのよい数値にすると便利である。

注）実際のデータから級間隔を求めるには，測定値のなかで最大のもの（上例では56.1）と，最小のもの（上例では41.0）をさがし，この差（56.1－41.0＝15.1）を自分の欲する級の数で割る。たとえば級の数を10にしたいときには，10で割る。この商1.51が級間隔となるが，上述のように級間隔は小数などがない歯切れのよい数にしたほうが便利であるから，切りあげて2.0％を級間隔とする。級の数は6〜20の範囲としSturge規則で$1+3.3\log_{10}N$（Nは例数）をおおよそのめやすとして選ぶのがよい。

さて度数分布表を用いて平均値を求めるには，度数の最大の級（必ずしも最大でなくてもよく，その前後の級でもよい）を仮に0とし，これからヘマトクリット値が小さくなるに従ってそれぞれの級に，－1，－2，－3，……，逆に大きくなるに従ってそれぞれの級に1，2，3，……という数値をつけ，**表2**にみるように偏差の欄をつくる。次に度数の欄と偏差の欄で同じ

表2　度数分布表による平均値，標準偏差の求め方

ヘマトクリット値 (%)		度数	偏差	度数×偏差	度数×(偏差)^2
級	中央値				
40.0〜42.0	41.0	1	－4	－4	16
42.0〜44.0	43.0	2	－3	－6	18
44.0〜46.0	45.0	6	－2	－12	24
46.0〜48.0	47.0	10	－1	－10	10
48.0〜50.0	49.0	13	0	0	0
50.0〜52.0	51.0	9	1	9	9
52.0〜54.0	53.0	6	2	12	24
54.0〜56.0	55.0	2	3	6	18
56.0〜58.0	57.0	1	4	4	16
計		50		－1	135

行にある 2 つの数を掛けて，その値を（度数×偏差）の欄の行に書いてこの欄の合計を求める。このとき平均値は，

$$\text{（偏差欄の 0 の級の中央値）} + \frac{\text{（度数×偏差）の欄の合計}}{\text{例数}} \times \text{級間隔} \tag{1.8}$$

で計算される。ヘマトクリット値の実例では，表 2 より偏差の欄の 0 の級の中央値＝49.0，（度数×偏差）の欄の合計＝－1，例数＝50，級間隔＝2 であるから，

$$\text{平均値} = 49.0 + \frac{-1}{50} \times 2 = 48.96$$

となる。度数分布表を用いないで式(1.1)を用いると，

$$\text{平均値} = \frac{1}{50}(48.7 + 49.0 + 56.1 + \cdots\cdots 44.3) = 48.86$$

となり，度数分布表から求めたものとの差はきわめて僅少である。

注）偏差の欄の 0 のおき方であるが，度数の最大の級を必ずしも 0 にしなくてもよいといったのは，0 のおき方によって，それ以後の計算の難易にきわめて影響するからである。したがってなるべく計算がしやすいような位置に 0 をおくのがよい。だいたいいくつかに分けた級の中央のところに 0 をおくとよい。なお 0 の位置が変わっても求める値は変わらない。

次に標準偏差の求め方を述べよう。

表 2 で新しく〔度数×(偏差)²〕の欄をつくる。これは偏差の欄と〔度数×偏差〕の欄で同じ行の 2 つの数を掛け，その値を〔度数×(偏差)²〕の欄の同じ行に書いたものである。この〔度数×(偏差)²〕の欄の合計を求めると，標準偏差は次の式で与えられる。

$$\text{標準偏差} = \text{級間隔} \times \sqrt{\frac{\text{〔度数×(偏差)²〕の合計}}{\text{例数}} - \left[\frac{\text{（度数×偏差）の合計}}{\text{例数}}\right]^2} \tag{1.9}$$

本節のヘマトクリット値の例では，（度数×偏差）の欄の合計＝－1，〔度

数×(偏差)²〕の欄の合計＝135，級間隔＝2 であるから，

$$標準偏差 = 2 \times \sqrt{\frac{135}{50} - \left(\frac{-1}{50}\right)^2} = 3.28$$

となる。度数分布表によらないで，偏差平方和を式(1.2)から求めると，

$$偏差平方和 = (48.7^2 + 49.0^2 + 56.1^2 + \cdots\cdots + 49.2^2 + 44.3^2)$$
$$- \frac{(2442.9)^2}{50}$$
$$= 119853.65 - \frac{(2442.9)^2}{50}$$
$$= 498.45$$

分散を式(1.4′)から求めると，

$$分散 = \frac{偏差平方和}{例数} = \frac{498.45}{50} = 9.96$$

標準偏差を式(1.5′)から求めると，

$$標準偏差 = \sqrt{分散} = \sqrt{9.96} = 3.15$$

となる。すなわち，度数分布表から求めた値は 3.28 で，度数分布表によら

表3　累積和による平均値，標準偏差の求め方

ヘマトクリット値(%)		度数	累積和1	累積和2	累積和3
級	中央値				
56.0～58.0	57.0	1	1	1	1
54.0～56.0	55.0	2	3	4	5
52.0～54.0	53.0	6	9	13	18
50.0～52.0	51.0	9	18	31	49
48.0～50.0	49.0	13	31	62	111
46.0～48.0	47.0	10	41	103	214
44.0～46.0	45.0	6	47	150	364
42.0～44.0	43.0	2	49	199	563
40.0～42.0	41.0	1	50	249	812
計		50	249	812	

ないで直接に求めた値は 3.15 であるから,その差はあまりない.

注) 度数分布表から平均値,標準偏差を計算する方法として,上述の方法のほかに**累積和**による方法がある.それは**表 3** に示すように累積和 1,累積和 2 および累積和 3 を求め,次の公式によって計算する.

$$平均値 = 仮の平均値 + 級間隔 \times \frac{累積和1の合計}{例数} \quad (1.10)$$

$$標準偏差 = 級間隔 \times \sqrt{\frac{2 \times 累積和2の合計 - 累積和1の合計}{例数} - \left(\frac{累積和1の合計}{例数}\right)^2} \quad (1.11)$$

ここで,仮の平均値とは値の最も小さい級の下の級の中央値をさすのである.本計算で注意を要するのは累積和は必ず最も値の大きい級から次第に計算するということである.

ヘマトクリット値の度数分布表(表 2)から累積和を求めて計算しよう.表 3 に示すように,仮の平均値は最も値の小さい級 40.0〜42.0 の下の級 38.0〜40.0 の中央値 39.0 で級間隔は 2.0 であるから,これらを式(1.10)に代入すると,

$$平均値 = 39.0 + 2.0 \times \frac{249}{50}$$
$$= 39.0 + 2.0 \times 4.98$$
$$= 48.96$$

となる.標準偏差は式(1.11)に代入して,

$$標準偏差 = 2.0 \times \sqrt{\frac{2 \times 812 - 249}{50} - \left(\frac{249}{50}\right)^2}$$
$$= 2.0 \times \sqrt{27.50 - 24.80}$$
$$= 2.0 \times \sqrt{2.70}$$
$$= 2.0 \times 1.64$$
$$= 3.28$$

となる.これらの値は累積和によらないで求めた値と等しいことがわかる.

度数分布の図示 データの例数が非常に多いときには,度数分布表をつくると測定値の分布の傾向がよく理解できるが,これを図に示すと,さらにデータの特徴を把握しやすい.これには**折れ線グラフ**と**ヒストグラム**とがある.

すなわちグラフ用紙の横軸に度数分布表(表 1)のヘマトクリット値を

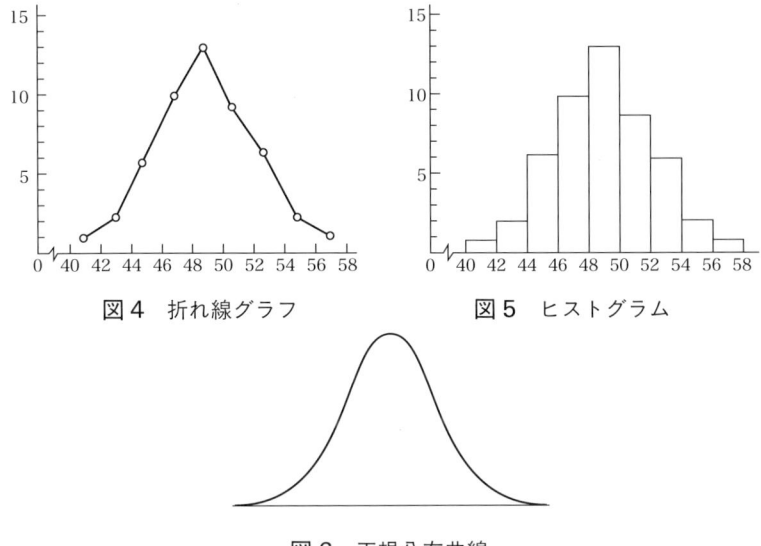

図4 折れ線グラフ　　　　図5 ヒストグラム

図6 正規分布曲線

とり，縦軸に度数の値をとり，ヘマトクリット値と度数とを1組にし，(41.0，1)，(43.0，2)，(45.0，6)……という値を求め，この点の順序に結んだ多角形を折れ線グラフという(図4)。また各級を示す横軸の線を底辺とし，その度数を高さとする長方形を次々に求めてできた長方形の集まりをヒストグラムという(図5)。一般に折れ線グラフ，ヒストグラムでは，平均値は横軸の中心に位置している。

　データの例数をさらに増し，級間隔を小さくして級の数を増すと，折れ線グラフはだんだんなめらかな曲線となる。この曲線を**度数曲線**といい，代表的なものに**正規分布曲線**がある。これは中央の値の例数が最も多く，中央の値より増加，減少するに従って，左右対称の形で例数が次第に減少していくもので，釣鐘型をしている(図6)。このような分布をするものを**正規分布**（§1・2）をするという。

1. 母集団と標本

練習問題 1　生後5日目の新生児48名のプロトロンビン値は次のようであった。平均値，標準偏差，変動係数，標準誤差を求めよ。

37.7	42.1	49.5	54.8	55.9	64.6	66.7	31.4
38.9	41.4	49.0	52.5	55.9	62.0	65.6	31.8
38.7	42.1	48.8	50.5	59.5	62.2	67.0	36.6
43.0	48.4	52.4	51.5	59.5	63.1	68.0	37.5
37.5	43.5	46.5	54.0	52.0	57.2	64.0	67.5
35.4	45.5	47.0	47.3	53.7	53.0	54.5	57.0

[解答]

(1) 直接に計算する方法

平均値は式(1.1)より，

$$平均値 = \frac{37.7+42.1+49.5+54.8+\cdots\cdots+43.0+48.4+52.4+\cdots\cdots+54.5+57.0}{48}$$

$$= \frac{2444.2}{48}$$

$$= 50.9$$

偏差平方和は式(1.2)より，

$$偏差平方和 = 37.7^2 + 42.1^2 + \cdots\cdots + 57.0^2 - \frac{(2444.2)^2}{48}$$

$$= 129315.2 - 124460.7$$

$$= 4854.5$$

式(1.3)を用いると，

$$偏差平方和 = 37.7^2 + 42.1^2 + \cdots\cdots + 57.0^2 - 48 \times (50.9)^2$$

$$= 129315.2 - 124358.8$$

$$= 4956.4$$

となり，本例題のように式(1.2)を用いた場合の値と式(1.3)を用いた場合の値とは一致しないこともある。ここでは式(1.2)による値を用いて，標準偏差，変動係数，標準誤差を計算する。

標準偏差は式(1.5)より，

$$標準偏差 = \sqrt{\frac{4854.5}{48}} = \sqrt{101.1} = 10.0$$

変動係数は式(1.6)より，

$$変動係数 = \frac{10.0}{50.9} \times 100 = 19.6(\%)$$

標準誤差は式(1.7)より，

表 4 度数分布表による方法（新生児プロトロンビン値）

級	中央値	度数	偏差	度数×偏差	度数×(偏差)²
30.0〜35.0	32.5	2	−4	−8	32
35.0〜40.0	37.5	7	−3	−21	63
40.0〜45.0	42.5	5	−2	−10	20
45.0〜50.0	47.5	8	−1	−8	8
50.0〜55.0	52.5	10	0	0	0
55.0〜60.0	57.5	6	1	6	6
60.0〜65.0	62.5	5	2	10	20
65.0〜70.0	67.5	5	3	15	45
計		48		−16	194

$$標準誤差 = \frac{10.0}{\sqrt{48}} = \frac{10.0}{6.9} = 1.4$$

(2) 度数分布表による方法

測定値は 31.4 から 68.0 の間に分布しているから，これを 5.0 の間隔で組み分けすると**表 4** のようになる。

そこで平均値は，偏差欄の 0 の級の中央値が 52.5，級間隔は 5.0，（度数×偏差）の欄の合計は −16 であるから，式(1.8)によって，

$$平均値 = 52.5 + \frac{-16}{48} \times 5.0 = 50.5$$

標準偏差は式(1.9)より，

$$標準偏差 = 5.0 \times \sqrt{\frac{194}{48} - \left(\frac{-16}{48}\right)^2}$$
$$= 5.0 \times \sqrt{\frac{9056}{2304}} = 5.0 \times 1.9$$
$$= 9.5$$

変動係数は式(1.6)より，

$$変動係数 = \frac{9.5}{50.5} \times 100 = 18.8(\%)$$

標準誤差は式(1.7)より，

$$標準誤差 = \frac{9.5}{\sqrt{48}} = \frac{9.5}{6.9} = 1.3$$

(3) 累積和による方法

表 5 のように累積和を求める。平均値を求めるには，仮の平均値が 25.0〜30.0

18　1. 母集団と標本

表5　累積和による方法（新生児プロトロンビン値）

級	中央値	度数	累積和1	累積和2	累積和3
65.0～70.0	67.5	5	5	5	5
60.0～65.0	62.5	5	10	15	20
55.0～60.0	57.5	6	16	31	51
50.0～55.0	52.5	10	26	57	108
45.0～50.0	47.5	8	34	91	199
40.0～45.0	42.5	5	39	130	329
35.0～40.0	37.5	7	46	176	505
30.0～35.0	32.5	2	48	224	729
計		48	224	729	

の中央値27.5で，級間隔は5.0であるから，式(1.10)より，

$$\text{平均値} = 27.5 + 5.0 \times \frac{224}{48} = 27.5 + 23.0 = 50.5$$

標準偏差は式(1.11)より，

$$\text{標準偏差} = 5 \times \sqrt{\frac{2 \times 729 - 224}{48} - \left(\frac{224}{48}\right)^2}$$

$$= 5 \times \sqrt{\frac{9056}{2304}}$$

$$= 5 \times 1.9 = 9.5$$

変動係数は式(1.6)より，

$$\text{変動係数} = \frac{9.5}{50.5} \times 100 = 18.8 (\%)$$

標準誤差は式(1.7)より，

$$\text{標準誤差} = \frac{9.5}{\sqrt{48}} = \frac{9.5}{6.9} = 1.3$$

練習問題 2　マラソン選手50名の唾液のpHを調べたら次のようであった。平均値，標準偏差，変動係数，標準誤差を求めよ。

5.8	6.0	6.2	6.4	6.6	6.8	7.0	7.2	7.4	7.6
5.8	6.0	6.2	6.4	6.6	6.8	7.0	7.3	7.4	7.7
5.8	6.1	6.3	6.4	6.6	6.8	7.0	7.3	7.5	7.6
6.1	6.3	6.5	6.7	6.9	7.0	6.2	6.5	6.7	6.9
7.1	6.2	6.5	6.7	6.9	7.1	6.6	6.9	7.1	6.7

[解答]
(1) **直接に計算する方法**
　平均値は式(1.1)より,

$$\text{平均値} = \frac{5.8+6.0+6.2+\cdots\cdots+7.3+7.5+7.6+\cdots\cdots+6.9+7.1+6.7}{50}$$

$$= \frac{335.2}{50} = 6.70$$

偏差平方和は式(1.2)を用いると,

$$\text{偏差平方和} = 5.8^2+6.0^2+\cdots\cdots+6.7^2 - \frac{(335.2)^2}{50}$$

$$= 2259.30 - 2247.18 = 12.12$$

もう1つの方法の式(1.3)を用いると,

$$\text{偏差平方和} = 5.8^2+6.0^2+\cdots\cdots+6.7^2 - 50\times 6.70^2$$

$$= 2259.30 - 2244.50 = 14.80$$

となり, 式(1.2)を用いたときの値と, 式(1.3)を用いたときの値とはやや異なる。
　ここでは式(1.2)による値を用いて標準偏差, 変動係数, 標準誤差を求める。
　標準偏差は式(1.5)より,

$$\text{標準偏差} = \sqrt{\frac{12.12}{50}} = \sqrt{0.2424} = 0.49$$

変動係数は式(1.6)より,

$$\text{変動係数} = \frac{0.49}{6.70} \times 100 = 7.31 (\%)$$

標準誤差は式(1.7)より,

$$\text{標準誤差} = \frac{0.49}{\sqrt{50}} = \frac{0.49}{7.07} = 0.06$$

(2) **度数分布表による方法**
　測定値は5.8から7.7の間に分布しているから, これを0.2の間隔で組分けすると表6のようになる。
　そこで平均値は, 偏差欄の0の級の中央値が6.7, 級間隔は0.2, (度数×偏差)の欄の合計は15であるから, 式(1.8)によって,

表 6 pHの度数分布表による方法（マラソン選手の唾液）

級	中央値	度数	偏差	度数×偏差	度数×(偏差)^2
5.8～6.0	5.9	3	−4	−12	48
6.0～6.2	6.1	4	−3	−12	36
6.2～6.4	6.3	6	−2	−12	24
6.4～6.6	6.5	6	−1	−6	6
6.6～6.8	6.7	8	0	0	0
6.8～7.0	6.9	7	1	7	7
7.0～7.2	7.1	7	2	14	28
7.2～7.4	7.3	3	3	9	27
7.4～7.6	7.5	3	4	12	48
7.6～7.8	7.7	3	5	15	75
計		50		15	299

$$\text{平均値}=6.7+\frac{15}{50}\times 0.2=6.7+0.06=6.76$$

標準偏差は式(1.9)より，

$$\text{標準偏差}=0.2\times\sqrt{\frac{299}{50}-\left(\frac{15}{50}\right)^2}$$

$$=0.2\times\sqrt{\frac{14725}{2500}}$$

$$=0.2\times\sqrt{5.89}$$

$$=0.2\times 2.42=0.48$$

変動係数，標準誤差の求め方は，先の直接に計算する方法と全く同一なので省略する。

(3) 累積和による方法

表7のように累積和を求める。平均値を求めるには，仮の平均値が5.6～5.8の中央値5.7で，級間隔が0.2であるから，式(1.10)より，

$$\text{平均値}=5.7+0.2\times\frac{265}{50}=5.7+1.06=6.76$$

標準偏差は式(1.11)より，

表7 累積和による方法（マラソン選手の唾液のpH）

級	中央値	度数	累積和1	累積和2	累積和3
7.6〜7.8	7.7	3	3	3	3
7.4〜7.6	7.5	3	6	9	12
7.2〜7.4	7.3	3	9	18	30
7.0〜7.2	7.1	7	16	34	64
6.8〜7.0	6.9	7	23	57	121
6.6〜6.8	6.7	8	31	88	209
6.4〜6.6	6.5	6	37	125	334
6.2〜6.4	6.3	6	43	168	502
6.0〜6.2	6.1	4	47	215	717
5.8〜6.0	5.9	3	50	265	982
計		50	265	982	

$$標準偏差 = 0.2 \times \sqrt{\frac{2 \times 982 - 265}{50} - \left(\frac{265}{50}\right)^2}$$

$$= 0.2 \times \sqrt{\frac{14725}{2500}}$$

$$= 0.2 \times \sqrt{5.89}$$

$$= 0.2 \times 2.42 = 0.48$$

変動係数，標準誤差の求め方は，先の直接に計算する方法と全く同一なので省略する。

§ 1·3 母集団の分布

いま2つの集団O，Pのヘマトクリット値を比較しようとして，それぞれ50名ずつを選び出し，各人のヘマトクリット値を測定し，これから平均値を計算したところ，O集団のほうが値が高かったとする。この成績から直ちにO集団のヘマトクリット値の平均値はP集団のそれよりも高いということはできない。

それは，実際に検討した人数は50名であるが，われわれが知りたいのは，

50名よりはるかに人数の多いO集団とP集団のヘマトクリット値の大小を論じているからである。したがって，O集団とP集団の全員を測定することができれば最もよいのであるが，人手，費用，かかる時間などの関係から，これを行うのが困難な場合が多い．

そこで，われわれは大きな集団（母集団）の一部分を測定して，その結果を利用して，統計学的に大きな集団同士の比較を行うのである．また大きな集団の一部分の平均値を測定して，その結果を利用して，大きな集団の平均値を統計学的に推測するのである．

次に母集団の平均値，分散，標準偏差，相関係数などをそれぞれ**母平均，母分散，母標準偏差，母相関係数**といい，これを総称して**母数**という．これに対して標本の平均値，分散，標準偏差，相関係数などをそれぞれ**標本平均，標本分散，標本標準偏差，標本相関係数**といい，これを総称して**統計量**という．

母集団の分布の型を調査するには，度数分布表をつくり，これをグラフに図示して検討すればよい．一般には母集団の分布は**正規分布**である．この性質をもった母集団を**正規母集団**，あるいは**正規分布に従う**といい，われわれの生活環境特に医学分野にはきわめて多い（図6，15頁）．

注）一般に先天的なものが特に影響すると考えられる値，例えば，幼児の知能指数，一般人の身長は正規型である．血圧は以前は**対数正規型**（血圧の値を対数に変換すると正規分布をする）とみられていたが，年齢別にみると正規型であることが最近わかった．体重は立方根にすると正規型となる．濃度に関しては対数正規型をとるものが非常に多い．

さて母集団の分布の型のうち，最も重要なものは正規母集団である．それは，現在の統計学の**検定**の理論は，対象となる標本の母集団が正規分布に従うということを前提にしているからである．したがって厳密には，われわれが取り扱う標本が正規母集団に属するということを確かめてからでないと，検定ができないのである．

しかし，平均値の検定では母集団の分布の型が不明でも，正規型と仮定

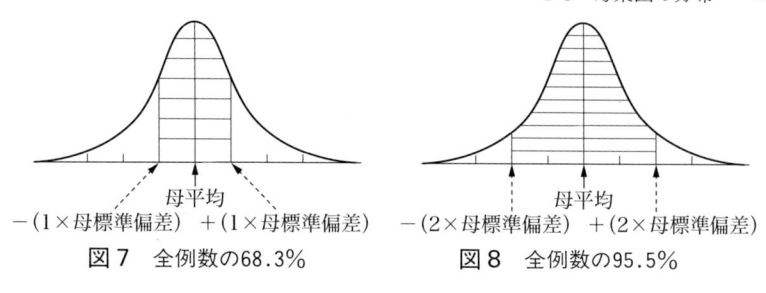

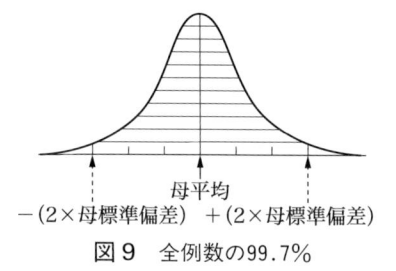

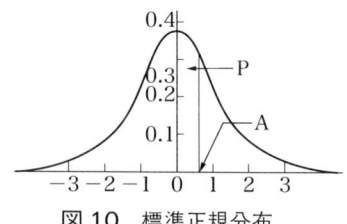

図7　全例数の68.3%（母平均 −(1×母標準偏差) ～ +(1×母標準偏差)）

図8　全例数の95.5%（母平均 −(2×母標準偏差) ～ +(2×母標準偏差)）

図9　全例数の99.7%（母平均 −(2×母標準偏差) ～ +(2×母標準偏差)）

図10　標準正規分布

しておいて，検定してよい．それは，正規型からある程度外れていても，平均値が問題であるときは，正規型の場合の検定方法を用いても，実際上さしつかえないことが，実験によって示されているからである．

　正規母集団は，母平均，母分散の2つの定数がわかるとその分布曲線が決まり，母平均および母標準偏差と母集団の全例数との間には，次の関係がなりたつ．

　(1) 母平均±(1×母標準偏差) の範囲内には全例数の約 68.3 %（図7）
　(2) 母平均±(2×母標準偏差) の範囲内には全例数の約 95.5 %（図8）
　(3) 母平均±(3×母標準偏差) の範囲内には全例数の約 99.7 %（図9）

がそれぞれ含まれる．

　正規母集団は母平均と母分散の2つの値によってその分布曲線が決まることは前述したが，特に母平均＝0，母分散＝1の正規分布に従う母集団を**標準正規分布に従う**といい，そのグラフは**図10**のようになる．これを図7，8，9の正規分布に従うものと比較すると，その違いは明瞭である．すなわち分布曲線と横軸に囲まれた面積は，ともに1（100 %）であるが，

標準正規分布のほうは，母平均＝0，母分散＝1と定まっているから，母標準偏差は1となり，先に述べた母平均および母標準偏差と母集団の全例数との関係は次のようになる。

(1) 0 ± 1 の範囲内には全例数の 68.3％

(2) 0 ± 2 の範囲内には全例数の 95.5％

(3) 0 ± 3 の範囲内には全例数の 99.7％

正規分布表の読み方

付表1（158頁）は標準正規分布をする母集団のグラフ（図10）において，横軸上における中心点（平均値）0からの距離Aに立てた垂線と，中心点に立てた垂線との間の面積（グラフの斜線の部分，P）と，Aとの関係を示したものである。例えばA＝1.96とすると，その面積の値は，付表1で左欄の1.9の横行と上の欄で0.06の縦列の交わったところの数値0.4750（47.50％）となる。この面積Pは正規分布の片側しかとっていないから，両側では 0 ± 1.96 の距離となり，$0.4750\times2=0.9500$（95％）の値となる。

これが次に述べる信頼度である。

§1·4　統計学（推計学）において扱う問題

われわれは実験または調査を行ったデータから何を求めようとしているのであろうか。それはデータそのものから得た知識はもちろんであるが，それと同時にデータの背後にあるもっと大きな集団（すなわち母集団）についての知識を求めているのである。これを大別すると，

(1) 母集団の母数すなわち母平均，母百分率などを知りたい

(2) 母数（例えば母平均）同士またはこれと統計量（例えば標本平均）の比較，および統計量同士の比較

に分けることができる。

(1)は**推定**の問題といわれるものである。公式によって母平均，母百分率

などの範囲を推定するのであるが，このときに**信頼度何％の信頼区間**という表現をする。ふつう信頼度は95％以上を用いることが約束となっている。信頼度95％とは，母平均を1つの標本平均から推定したとき，それと同じ条件で実験を行い，その回数が100回であったならば95回は推定した範囲内に母平均がはいるということを意味しているのである。この範囲を信頼区間といい，信頼区間の両端の数値を**信頼限界**といい，値の高いほうを**上限**，低いほうを**下限**という。

(2)は**検定**の問題といわれるものである。いま，胃がん患者と胃潰瘍患者の血圧を比較しようとする場合に，それぞれ10名ずつの患者について血圧を調べ，これをそのまま比較しても結論を出すことはできない。なぜならばわれわれの知りたいのは，測定を行った患者と同一条件の無数の胃がんおよび胃潰瘍患者（胃がん患者の母集団と胃潰瘍患者の母集団）についての比較成績であるからである。それでは胃がんと胃潰瘍の患者をできるだけ多く集めて比較すればよいのではないかと思うが，同一条件（例えば年齢，性，職業，地位および病気の程度が同一のもの）のものを多数集めるということはきわめて難しく，できるとしてもその労力や時間の浪費を考えると不可能に近い。推計学は，条件のかなったそれぞれの10名の成績から，その背後にある母集団の成績を客観的に比較しようとするのである。すなわち標本の値を用いて母集団の比較検定を行おうとするものである。

それでは**推計学**は，どのような方法でこれを検討するのであろうか。先の胃がん患者と胃潰瘍患者の血圧の比較を例にとって述べる。

まず胃がん患者10名と胃潰瘍患者10名の最大血圧の標本平均をそれぞれ計算し，両者を比較したら前者のほうが低かったとする。そこで"胃がん患者の母集団と胃潰瘍患者の母集団の間では，最大血圧に相違はない"という**仮説**（**帰無仮説**ともいう）を立てる。次いで定められている公式（問題の種類によってあてはめる公式が決まっている。どの公式をあてはめたらよいかをこれから勉強するのである。本例は"2つの標本平均の比較"の問題にあてはまる）で計算を行い，ある値を求める。この値をKとする。

26   1. 母集団と標本

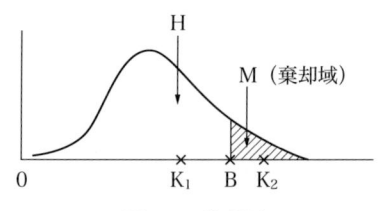

図 11　棄却域

K値は比較する2つの標本平均に差異があればあるほど，大きく出るようになっている。したがって，K値があまり大きいときには，立てた仮説がおかしいと考えて仮説を捨てるのである。そしてどの程度に大きくなったら仮説を捨てるかという規準値Bを定めておけば，計算したK値が規準の値より大きいか(K_2)小さいか(K_1)によって，仮説を捨てる（胃がん患者の母集団の最大血圧は胃潰瘍患者の母集団のそれとは異なると結論する）こともできるし，または仮説を認める（胃がん患者の母集団の最大血圧は胃潰瘍患者の母集団のそれとは変わりがないと結論する）こともできる(図11)。

そこで規準値Bをどのような方法で決めるかということが問題になる。それには，比較の検定に用いる公式が，それぞれ特定の分布（**正規分布，t 分布，F 分布**など）をすることがわかっているのでこれを利用するのである。すなわち，それぞれの分布において，全体の面積のなかで5％を占める横軸上の値をこれにあてている。これを図示すると図 11 に示すごとく，B値はある分布の型をなしている横軸上（底辺上）の値となる。この値は分布の左端の0から始まり，右方に移動するに従って大きくなる。したがって5％の面積とは，横軸上のB点に下した横軸上に対する垂線と，分布を示す曲線および横軸によって囲まれた面積（図の斜線の部分），M（この面積を**棄却域**という）が5％ということである。よって分布の残りの面積，Hは当然95％となる。しかしてHは信頼度に当たる。

この場合，5％の棄却域の面積とB値とは，いかなる関係をもっているかというと，同じ条件で行った100回の実験中，B値は5回しかおきないまれな大きな値であるということである。違った表現をすれば，100回の実

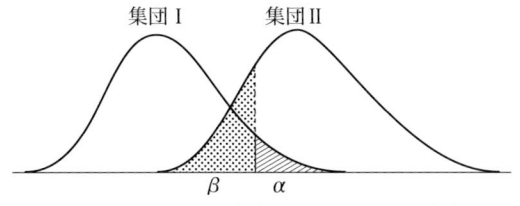

図12 第1種の誤り(α)と第2種の誤り(β)
検出力は $(1-\beta)$ で表わす

験中5回の確率しかないまれな値ということになる。このような値を規準値にして検定を行うわけである。

　仮説を捨てたり，認めたりするための規準値を確率5％の値においた場合には，これを**有意水準**または**危険率**5％の値といい，記号では $\alpha=5\%$ または0.05と書く。ふつう，有意水準または危険率5％のほかに1％も用いられる。**図12**における斜線部分が有意水準または危険率を示す。したがって斜線部分が5％ならば，有意水準または危険率5％の値がB値となる。

　そして，いま求めた値が有意水準5％の値より大きいときには，有意水準5％で**有意の差がある**と表現し，有意水準5％の値より小さいときには**有意の差がない**と表現する。

　帰無仮説を棄却する場合に注意しなければならないのは，第1に，正しい仮説が捨てられる誤りで，これを**第1種の誤り(α)**といっている。これに対し誤った仮説を正しいものとして採用する誤りを**第2種の誤り(β)**という。ちょうど入学試験に，優秀な学生が偶然合格しなかったのは前者で，劣等な学生が合格したのは後者に属する。推計学の検定の問題においては，主張したいと思うことと反対の帰無仮説を設けて，それが論破されることを証明するので，第1種の誤りをおかす確率を有意水準とするのである。それは第1種の誤りが重要であるからではなく，第2種の誤りに対する検定法が一般にできないからである。こうして判定規準の確率を小さくすればするほど，それに比例して正しい仮説を捨てるという，第1種の誤りをおかす割合を小さくすることができる。しかし第1種の誤りだけを避ける

ように気をつけるだけでは足りない。一方に間違った仮説を採用する第2種の誤りをおかすおそれがある。判定規準として低い確率を採用すればするほど正しい仮説が捨てられることも少なくなるが，それだけ間違った仮説を採用するチャンスも多くなるのである。母集団に差がある場合，それを見逃さないで検出する確率を$(1-\beta)$で表し，これを検出力という(図12)。

そこで，第1種の誤りをおかす危険を増やさずに，第2種の誤りを減らすには例数を増やせばよい。

2 平均値

§ 2·1 母平均の推定

母集団の平均値を求めるには，その母集団の全測定値の和を全例数で割ればよいが，一般には母集団の全測定値を知ることができないから，実際には求められない場合が多い。このために標本平均から母平均を推定するのである。この場合，正規分布に従う母集団からとり出された標本であると仮定して母平均を推定する。その計算には，2通りの方法がある。

1. 母標準偏差がわかっている場合，または母標準偏差はわからないが，標本の例数が 40 例以上の場合

例題 2·1　某幼稚園において 3 歳の女児の身長を 180 名について測定したらその平均値は 95.9 cm であった。これより信頼度 95％の母平均の信頼区間を求めよ。ただし全国の 3 歳の女児の身長の標準偏差は 4.2 cm である。

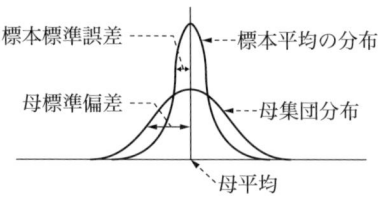

この場合は標本平均が，母平均を中心として $\frac{母分散}{例数}$ を分散とする正規分

図 13　標本平均と母集団の分布

布をすることを利用する。つまり母標準誤差を用いるのである(図13)。その式は次式で表される。

$$標本平均 - A \times \frac{母標準偏差}{\sqrt{例数}} < 母平均 < 標本平均 + A \times \frac{母標準偏差}{\sqrt{例数}} \tag{2.1}$$

式 (2.1) の母標準偏差は，本例では全国の3歳の女児の身長の標準偏差をこれにあてればよい。一般に全国および各都道府県の平均値，標準偏差などは，母平均または母標準偏差として扱ってよい。Aの値は標準正規分布において，ある信頼度における0を中心とした横軸上の値を示している (24頁の正規分布表の読み方参照)。信頼度は95％または99％が最もよく用いられる。Aの値は95％の場合には，±1.96，99％の場合には±2.58である。一般には±の記号を除いてその絶対値のみで表している。

例題2・1の母平均の信頼区間を，信頼度95％で求めよう。

標本平均=95.9 cm，母標準偏差4.2 cm，例数180名，A=1.96であるから，これらを式 (2.1) に代入すると，

$$95.9 - 1.96 \times \frac{4.2}{\sqrt{180}} < 母平均 < 95.9 + 1.96 \times \frac{4.2}{\sqrt{180}}$$

$$95.9 - 1.96 \times 0.31 < 母平均 < 95.9 + 1.96 \times 0.31$$

$$95.9 - 0.60 < 母平均 < 95.9 + 0.60$$

$$95.30 < 母平均 < 96.50$$

となる。すなわち95.30〜96.50 cmの信頼区間となる。したがって信頼限界は，上限96.50 cm，下限95.30 cmとなる。

本例では，母標準偏差とみなすことができる全国の標準偏差がわかっていたが，これがわからなくても標本の例数がだいたい40例以上の場合には，その標本標準偏差を母標準偏差とみなして計算してよい。いま，全国の標準偏差が不明で，標本標準偏差が5.3 cmであったとすると，式 (2.1) は，

$$95.9 - 1.96 \times \frac{5.3}{\sqrt{180}} < 母平均 < 95.9 + 1.96 \times \frac{5.3}{\sqrt{180}}$$

$$95.14 < 母平均 < 96.66$$

となって，先の成績とほとんどかわらない。この場合例数が多いほど母平均そのものに近づくことは，上記の例から明らかである。

練習問題 1 岐阜市の昭和31年における女児990名の月齢10か月における平均体重は8.1 kgであった。同年における全国の月齢10か月の女児の体重の標準偏差は0.9 kgであった。信頼度95％の母平均の信頼区間を求めよ。

[解答]
母標準偏差がわかっているから，式(2.1)を用いる。信頼度95％であるからA＝1.96である。母標準偏差＝0.9 kg，標本平均＝8.1 kgで例数は990名であるから，これらを式(2.1)に代入すると，

$$8.1 - 1.96 \times \frac{0.9}{\sqrt{990}} < 母平均 < 8.1 + 1.96 \times \frac{0.9}{\sqrt{990}}$$

$$8.1 - 1.96 \times 0.02 < 母平均 < 8.1 + 1.96 \times 0.02$$

$$8.1 - 0.03 < 母平均 < 8.1 + 0.03$$

$$8.07 < 母平均 < 8.13$$

となる。すなわち8.07〜8.13 kgの信頼区間となる。したがって信頼限界は，上限が8.13 kg，下限が8.07 kgとなる。

練習問題 2 広島地方の9歳の夜尿児（女）61名の座高の平均は69.3 cm，標準偏差は2.83 cmで，非夜尿児（女）58名の座高の平均は70.0 cm，標準偏差は3.03 cmであった。夜尿児と非夜尿児について信頼度95％の母平均の信頼区間をそれぞれ求めよ。

[解答]
本例の例数はいずれも40名以上であるから，標準偏差は偏差平方和を式(1.4)により例数で割って求めた分散から導いたものである。ついで母平均の信頼区間は式(2.1)にあてはめて計算する。
夜尿児についてみると，

$$69.3 - 1.96 \times \frac{2.83}{\sqrt{61}} < 母平均 < 69.3 + 1.96 \times \frac{2.83}{\sqrt{61}}$$

$$69.3 - 0.70 < 母平均 < 69.3 + 0.70$$

$$68.60 < 母平均 < 70.00$$

すなわち 68.60〜70.00 cm の信頼区間となる。

非夜尿児については，

$$70.0 - 1.96 \times \frac{3.03}{\sqrt{58}} < 母平均 < 70.0 + 1.96 \times \frac{3.03}{\sqrt{58}}$$
$$70.0 - 0.76 < 母平均 < 70.0 + 0.76$$
$$69.24 < 母平均 < 70.76$$

すなわち 69.24〜70.76 cm の信頼区間となる。

2. 母標準偏差はわからず，標本の例数が 40 例未満の場合

例題 2・2 新しいブタの餌Aをつくって，10匹のブタに与えて飼育したところ，体重増加は次のようであった。体重増加の母平均の信頼区間を信頼度 95 ％で求めよ（単位 kg）。

31, 34, 29, 26, 32, 35, 38, 34, 30, 29

母標準偏差すなわち母分散がわからないから，これに代わるものとして本例題では**不偏分散**（母分散の**不偏推定量**）を用いる。これは次の式によって計算する。

$$\begin{aligned}
不偏分散 &= \frac{偏差平方和}{自由度} = \frac{(各測定値 - 標本平均)^2 の合計}{自由度} \\
&= \frac{(各測定値)^2 の合計 - \frac{(各測定値の合計)^2}{例数}}{自由度} \quad (2.2)
\end{aligned}$$

不偏分散，自由度については，すでに 4〜5 頁で解説したが，偏差平方和を自由度＝例数－1で割って求める分散を，例数が 40 例未満の場合は，母分散の不偏推定量という意味で不偏分散という。すなわち式 (1.4) と式 (2.2) は同じものである。

ついで式 (2.1) で母標準偏差の代わりに，不偏分散から導かれた標準偏差を用いるから，式 (2.1) をそのまま用いることはできない。Aの代わり

にt分布をするtの値を用いるのである。これは，

$$t = \frac{標本平均 - 母平均}{\sqrt{\dfrac{不偏分散}{例数}}} \quad (2.3)$$

で求めることができる。この式は標本平均と母平均との差を，不偏分散から計算した標準誤差で割るという意味である。いま，母平均がわかっている母集団から，ある例数の標本をとり出して，標本平均と不偏分散を計算し，これらを式(2.3)に代入すると，tの値が1つ得られる。次にこの標本を母集団にもどして，同じ例数の違った標本をとり出して，標本平均と不偏分散を計算し，これらを式(2.3)に代入すると，tの値がまた得られる。このように標本抽出を続けていって，tの値をたくさん求め，それを適当な階級に分け，度数分布表をつくり，これを図に描くとtの分布曲線ができるのである。t分布とはこの分布曲線を初めて求めたStudent（W. S. Gossetの筆名）の名をとって名づけたものである。

t分布は正規分布と同様に左右対称の分布をするが，正規分布と多少異なる。図14に示すとおり，正規分布より少し幅が広がっており，高さは低い。しかし例数が30例以上のときはt分布は正規分布と一致するとみなしてよい。

t分布表の読み方

付表2（158頁）はt分布の自由度と有意水準 α がわかったとき，tの値がt分布の横軸上のどこに位置するかを決めたものである。例えば，例数10の標本の有意水準5％（すなわち0.05）のtの値を求めるには，自由度は例数－1であるから9，t分布表で自由度9の行と，有意水準0.05の列のまじわったところ2.26がtの値である。この意味は図15の斜線部分の面積が5％（0.05）であることを示している。つまり片側だけの面積は2.5％となる。

以上のことから，母標準偏差がわからないときの母平均の信頼区間は，信頼度を $1-\alpha$（有意水準を α にとると信頼度は $1-\alpha$ となる）にとると，

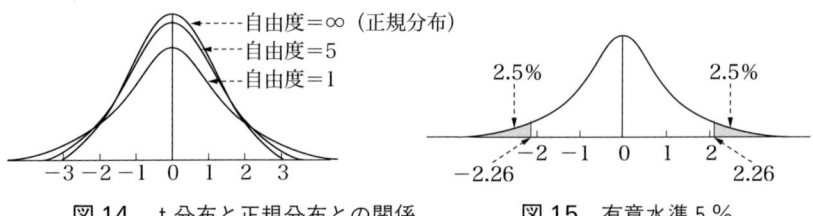

図14　t分布と正規分布との関係　　図15　有意水準5％

$$標本平均 - t \times \sqrt{\frac{不偏分散}{例数}} < 母平均 < 標本平均 + t \times \sqrt{\frac{不偏分散}{例数}} \tag{2.4}$$

で求める。この場合のtの値はt分布表において，自由度＝例数－1，有意水準 α のtの値である。

例題2・2について計算しよう。

$$標本平均 = \frac{1}{10}(31+34+29+\cdots\cdots+29) = 31.8$$

$$偏差平方和 = (31^2+34^2+29^2+\cdots\cdots+29^2) - \frac{318^2}{10} = 111.6$$

$$不偏分散 = \frac{111.6}{10-1} = 12.4$$

となる。一方，t分布表から自由度＝10－1＝9，有意水準5％（信頼度が95％であるから有意水準は100％－95％＝5％となる）のtの値を求めると，$t_9(0.05) = 2.26$ だから，母平均の信頼度95％の信頼区間は式(2.4)より，

$$31.8 - 2.26 \times \sqrt{\frac{12.4}{10}} < 母平均 < 31.8 + 2.26 \times \sqrt{\frac{12.4}{10}}$$

$$31.8 - 2.26 \times 1.11 < 母平均 < 31.8 + 2.26 \times 1.11$$

$$31.8 - 2.50 < 母平均 < 31.8 + 2.50$$

$$29.30 < 母平均 < 34.30$$

> **例題 2・3** 3歳の女児20名の身長の平均値が95.9 cm で，標準偏差が5.4 cm であった。この母平均の信頼区間を，95％の信頼度で求めよ。

本例題の標準偏差は式 (2.2) によって求めた不偏分散から導いたものであるから不偏分散は

$$\text{不偏分散} = 5.4^2 = 29.16$$

t 分布表から自由度＝20－1＝19，有意水準5％のtの値を求めると，$t_{19}(0.05) = 2.09$ であるから，求める値は式 (2.4) より，

$$95.9 - 2.09 \times \sqrt{\frac{29.16}{20}} < \text{母平均} < 95.9 + 2.09 \times \sqrt{\frac{29.16}{20}}$$

$$95.9 - 2.09 \times 1.20 < \text{母平均} < 95.9 + 2.09 \times 1.20$$

$$95.9 - 2.50 < \text{母平均} < 95.9 + 2.50$$

$$93.40 < \text{母平均} < 98.40$$

となる。すなわち信頼度95％の信頼限界は下限は93.40 cm，上限は98.40 cm となる。

注）例えば $t_{19}(0.05) = 2.093$ または $t(19, 0.05) = 2.093$ は自由度19，有意水準（または危険率）5％における t 分布表の t の値が 2.093 という意味である。これを $t_{19}(5\%) = 2.093$ と書いてもよい。このような書き方は以後出てくる χ^2（カイ2乗）分布，F 分布においても同様である。

> **練習問題 3** ある工場の有機溶剤取扱者20名の平均赤血球数は471.4万で標準偏差は49.3万であった。信頼度95％の母平均の信頼区間を求めよ。

［解答］

先の例題 2.1.3 の場合と同様に本題の標準偏差は式 (2.2) によって求めた不偏分散から導いたものであるから不偏分散は，

$$\text{不偏分散} = 49.3^2 = 2430.49$$

となる。一方自由度＝20－1＝19，有意水準＝0.05 の t の値は t 分布表より $t_{19}(0.05) = 2.09$ であるから，これらを式 (2.4) に代入すると，

$$471.4-2.09\times\sqrt{\frac{2430.49}{20}}<母平均<471.4+2.09\times\sqrt{\frac{2430.49}{20}}$$
$$471.4-2.09\times11.02<母平均<471.4+2.09\times11.02$$
$$471.4-23.03<母平均<471.4+23.03$$
$$448.37<母平均<494.43$$

となる。すなわち信頼度95％の信頼限界の上限は494.43万，下限は448.37万となる。

練習問題 4 50歳以上の女子の生命保険申込者について，眼底検査と比腹囲の測定を実施したところ，細動脈硬化1度のもの19名の比腹囲の平均値は48.9，標準偏差は7.0であった。この母平均の信頼区間を95％の信頼度で求めよ。

[解答]

　本題の標準偏差は式(2.2)によって求めた不偏分散から導いたものであるから不偏分散は
$$不偏分散=7.0^2=49.00$$
となる。t分布表より自由度=18，有意水準=0.05のtの値は$t_{18}(0.05)=2.10$であるから，これらを式(2.4)に代入すると，
$$48.9-2.10\times\sqrt{\frac{49.00}{19}}<母平均<48.9+2.10\times\sqrt{\frac{49.00}{19}}$$
$$48.9-2.10\times1.60<母平均<48.9+2.10\times1.60$$
$$48.9-3.36<母平均<48.9+3.36$$
$$45.54<母平均<52.26$$

となる。すなわち信頼度95％の信頼限界は上限は52.26，下限は45.54となる。

§ 2・2　母集団の正常範囲

　母集団を構成する個々の値をどの程度までを正常とみなしてよいかをみるときに用いられる。一般にこの方法を母集団の**棄却限界法**といっている。標本の値のなかにとびぬけて高い値，またはとびぬけて低い値が存在するときに，それらを正常な値とみなしてよいかどうかを検討する場合にも用いられる。本法には母平均の推定の場合と同様に，2通りの方法がある。

1. 母標準偏差がわかっている場合，または母標準偏差はわからないが，標本の例数が 40 例以上の場合

例題 2·4 健康な 4 歳の男児 24 名について血圧を測定したら，最大血圧の平均値は 94.9 mmHg，母標準偏差は 2.9 mmHg であった。この母集団の正常範囲を有意水準 5 ％で求めよ。

この場合は対象となる標本の母集団は正規分布すること (22 頁参照) を利用する。

$$\text{標本平均} - A \times \text{母標準偏差} < \text{母集団の正常範囲} < \text{標本平均} + A \times \text{母標準偏差} \tag{2.5}$$

この式で A は有意水準 5 ％では 1.96，有意水準 1 ％では 2.58 である。例題 2·4 の値を式 (2.5) に代入すると

$$94.9 - 1.96 \times 2.9 < \text{母集団の正常範囲} < 94.9 + 1.96 \times 2.9$$
$$94.9 - 5.68 < \text{母集団の正常範囲} < 94.9 + 5.68$$
$$89.22 < \text{母集団の正常範囲} < 100.58$$

となる。すなわち有意水準 5 ％の信頼限界は上限は 100.58 mmHg，下限は 89.22 mmHg となる。

例題 2·5 健康な 4 歳の男児 100 名について血圧を測定したら，最大血圧の平均値は 94.9 mmHg，標準偏差は 3.7 mmHg であった。この母集団の正常範囲を有意水準 5 ％で求めよ。

本例では母標準偏差はわからないが，標本の例数が 40 名以上の 100 名であるから，その標準偏差を母標準偏差とみなして計算してよい。本例題の値を式 (2.5) に代入すると，

$$94.9 - 1.96 \times 3.7 < \text{母集団の正常範囲} < 94.9 + 1.96 \times 3.7$$
$$94.9 - 7.25 < \text{母集団の正常範囲} < 94.9 + 7.25$$
$$87.65 < \text{母集団の正常範囲} < 102.15$$

となる。すなわち有意水準 5 ％の信頼限界は上限は 102.15 mmHg，下限は

87.65 mmHg となる。

2. 母標準偏差はわからず，標本の例数が 40 例未満の場合

例題 2・6   例題 2・2 におけるブタの体重増加の正常範囲を有意水準 5 ％で求めよ。

この場合には次式を用いる。

$$標本平均 - t \times \sqrt{\frac{(例数+1)}{例数} \times 不偏分散} < 母集団の正常範囲 <$$

$$標本平均 + t \times \sqrt{\frac{(例数+1)}{例数} \times 不偏分散} \quad (2.5')$$

例題 2・2 の標本平均＝31.8 kg，例数＝10 匹，不偏分散＝12.4，自由度＝9，有意水準 5 ％の t の値は $t_9(0.05)=2.26$ であるから式（2.5'）から

$$31.8 - 2.26 \times \sqrt{\frac{11}{10} \times 12.4} < 母集団の正常範囲 < 31.8 + 2.26$$
$$\times \sqrt{\frac{11}{10} \times 12.4}$$

$$31.8 - 2.26 \times 3.69 < 母集団の正常範囲 < 31.8 + 2.26 \times 3.69$$
$$31.8 - 8.33 < 母集団の正常範囲 < 31.8 + 8.33$$
$$23.47 < 母集団の正常範囲 < 40.13$$

となる。母平均の範囲は 29.3〜34.3 kg であるから，こちらのほうが範囲が広い。それは母集団の個々の値の範囲であるから当然である。

練習問題 5   例題 2・3 の身長の正常範囲を有意水準 5 ％で求めよ。

［解答］
　標本平均＝95.9 cm，不偏分散＝29.16，例数＝20 名，自由度＝19，有意水準 5 ％の t の値は $t_{19}(0.05)=2.09$ であるから，式（2.5'）より，

$$95.9 - 2.09 \times \sqrt{\frac{21}{20} \times 29.16} < 母集団の正常範囲 < 95.9 + 2.09$$
$$\times \sqrt{\frac{21}{20} \times 29.16}$$
$$95.9 - 2.09 \times 5.53 < 母集団の正常範囲 < 95.9 + 2.09 \times 5.53$$
$$95.9 - 11.55 < 母集団の正常範囲 < 95.9 + 11.55$$
$$84.35 < 母集団の正常範囲 < 107.45$$

となる。すなわち有意水準5％の信頼限界の上限は107.45 cm，下限は84.35 cmとなる。

3. スミルノフ棄却検定法

個々のデータ解析に際しては，まずその分布がどのようになっているか，ヒストグラムを作成してみるとよい。図16(a)は正規分布に近くひとつの母集団からの標本として分析できるが，図16(b)のようなヒストグラムが得られることもある。図16(b)の右方の1つのデータは，残りのデータの標本に比較して異常に大きい。この1つのデータに関しては，測定に間違いはないか，特殊性があったかどうかを再検討する必要がある。もし特殊性が説明されたならむしろ除去した方が良いこともある。また図16(c)のように分布がふた山をもつヒストグラムが得られれば，その母集団に2つのデータが混在しているのではないかと疑う。そして図16(b)の異常値を取捨選択す

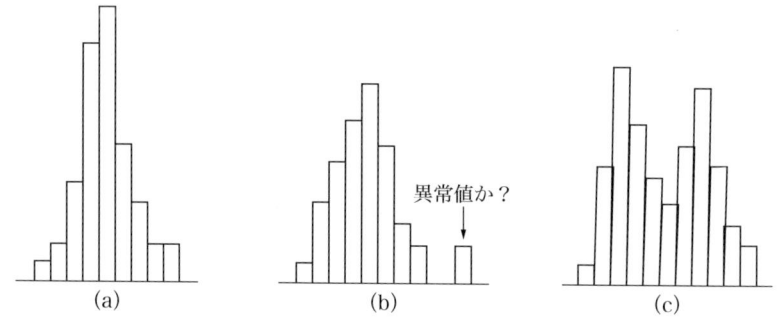

図16 データの分析にはまずヒストグラムを作成

2. 平均値

表8 スミルノフの表

N	1%	5%	N	1%	5%
3	1.414	1.412	15	2.800	2.493
4	1.723	1.689	16	2.837	2.523
5	1.955	1.869	17	2.871	2.551
6	2.135	1.996	18	2.903	2.557
7	2.265	2.093	19	2.932	2.600
8	2.374	2.172	20	2.959	2.623
9	2.464	2.237	21	2.984	2.644
10	2.540	2.294	22	3.008	2.664
11	2.606	2.343	23	3.030	2.683
12	2.663	2.387	24	3.051	2.701
13	2.714	2.426	25	3.071	2.717
14	2.759	2.461			

るにはスミルノフ（Smirnoff）の式を用いて検定することができる。

$$T = 異常値 - 平均値 / \sqrt{分散} \qquad (2.5'')$$

T値がスミルノフの表（**表8**）の有意水準5％以下の値，T（0.05）より大きいときは異常値を棄却する。

例題 2・7　ある学校で満16歳の女学生20人を選び次の値を得た（単位cm）。一人172 cmと高い女学生がいるが，大きすぎると言えるか？

　　138, 139, 140, 142, 143, 144, 144, 145,
　　145, 145, 146, 146, 148, 149, 150, 151,
　　152, 154, 156, 172

まずヒストグラムを作成してみると（**図17**），右側に大きく離れているものがいることが直感的にわかる。

　　　　平均値＝147.45
　　　　$\sqrt{分散} = 7.32$

Tの値を求めるには絶対値で計算する。

図17 身長のヒストグラム

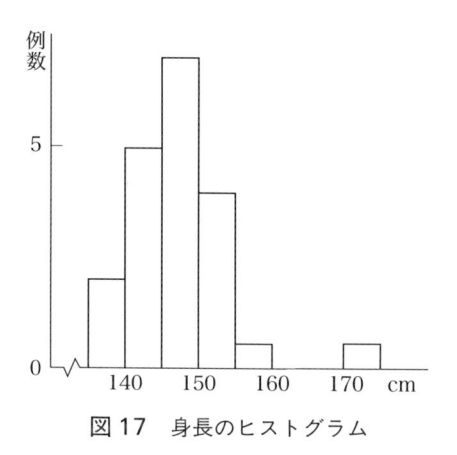

$$|T|=|172-147.45|/7.32=3.353$$

例数＝20で有意水準5％のT(0.05)がスミルノフの表では2.623であり，計算したT＝3.353であるのでT(0.05)より大きい。よって異常値と認められる。

§ 2·3　母平均と標本平均の比較

1. 母標準偏差がわかっている場合，または母標準偏差はわからないが，標本の例数が40例以上の場合

例題 2·8 ある知能検査を全国の学生に行ったところ，その平均点は80点，標準偏差は7点であった。そこで25名の学生に特別な教育を施して知能検査を行ったら，平均点が83点であった。この成績から特別な教育法が，従来の教育法よりすぐれているといえるだろうか。

仮説：特別な教育を受けた学生の成績は，従来の教育を受けている学生の成績と変わりない。すなわち全国の学生の平均点を母平均と考え，25名の学生の平均点を標本平均とみなすのである。

2. 平均値

このときの計算は次の式によって行う。

$$x = \frac{標本平均 - 母平均}{\frac{母標準偏差}{\sqrt{例数}}} \tag{2.6}$$

すなわちxが母平均＝0，母分散＝1の標準正規分布をすることを利用する。いまx＝1.96であるとすると，付表1の正規分布表(158頁)でxに相当するAの値が1.96である片側の面積の値は0.4750である。したがって両側の面積は0.4750×2＝0.9500（95％）となり（24頁）有意水準（27頁）は1－0.9500＝0.0500（5％）となる。

ここで有意水準5％の意味を考えると，もし仮説が正しければxの値は小さいはずである。それが5％の確率しかないようなとび離れた大きな値が出たわけである。したがって仮説はおかしいと考えて，仮説を棄却する。一般にxの値が有意水準5％の値より大きいときには有意水準5％で有意の差があると表現し，有意水準5％の値より小さいときには有意の差がないと表現する。そして普通は有意水準は5，2，1，0.5，0.1％の数値を用いて表現する。

例題2・8を式(2.6)によって計算しよう。この場合のxの値は絶対値が問題となるから，

$$|x| = \frac{|83-80|}{\frac{7}{\sqrt{25}}} = \frac{3\sqrt{25}}{7} = 2.14$$

となる。付表1の正規分布表でxに相当するA＝2.14である片側の面積の値は0.4838である。したがって両側の面積は0.4838×2＝0.9676（96.76％）となり，有意水準は1－0.9676＝0.0324（3.24％）となる。したがって有意水準5％以下で有意の差を示すので仮説をすてる。それではどちらの平均点がよいのか。実際の成績から考えて，特別な教育を施したもののほうがよいと結論する。

2.3 母平均と標本平均の比較

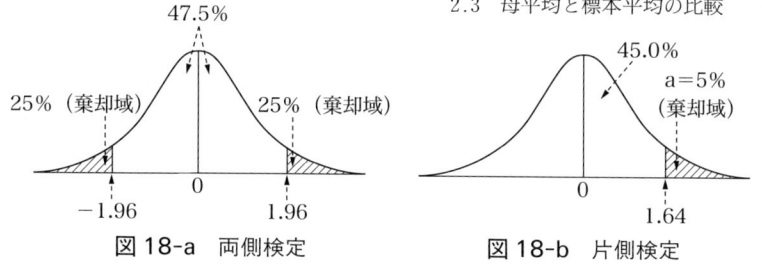

```
           47.5%
25%(棄却域)    25%(棄却域)
      −1.96  0  1.96
      図 18-a  両側検定

           45.0%
                a=5%
                (棄却域)
           0  1.64
      図 18-b  片側検定
```

注) 平均値でも百分率の場合でも比較して大小を決める方法として，一般には違いがないという仮説を立てて検討するので，その結論はあくまでも差があるかどうかということしかいえない。これから比較するものの大小を決めるのは，実験または調査した人自身の判断によるのである。このような検定方法を**両側検定法**という。すなわち例題8において，xの値が1.96より大であれば，5％の有意水準で仮説を捨てるということは，公式によって計算された値が正であろうと負であろうと関係なく，その絶対値のみを問題にしているからである。比較される標本から公式によって計算された値が，いま負であったとしても，次に同じ条件で，ふたたび実験を行ってその値を公式によって計算すると，今度は正になるかもしれない。つまり，仮説を捨てるか捨てないかの判定に，正からみても負からみても間違いのないようにするために，正 (2.5％) と負 (2.5％) の棄却域を合計して5％となるようにしてあるのである (図 18-a)。

ところが例題8のような実験は，いままで何回も行っており，その実験成績から，特別な教育法がよいことがだいたいわかっているような場合には，**片側検定法** (図 18-b) でも検討することができる。そして片側検定では 1) 標本平均が母平均より小さいといえるかを検定する場合と，2) 標本平均が母平均より大きいといえるかを検定する場合の2通りの場合がある。そうして，これらの仮説のたて方は目標とする方向とは逆の方向とする。すなわち 1) の場合の仮説は標本平均は母平均より大きいとし，2) の場合の仮説は標本平均は母平均より小さいとするのである。

実際の検定方法を例題 2・8 を用いて説明しよう。本例題は特別な教育を施した学生の平均点すなわち標本平均が，従来の教育法による学生の平均点すなわち母平均より点数が高いといえるかを検定する問題である。したがってこれは上記の 2) の場合にあてはまる。よって仮説は特別な教育を施した学生の平均点は従来の教育法による学生の平均点より低いとする。計算は式(2.6)を用いて行い，xの値は絶対値を用いないで，計算したそのままの値を用いる。本例題では x=2.14 で有意水準が5％の正規分布のAの値は1.64である。図 16 に示す通り，付表1の正規分布表で，面積が 0.45 となるAの値をみる

と A=1.64 では面積が 0.4495 で 0.5−0.4495＝0.0505（5.05％）となり，A=1.65 では面積が 0.4505 となり，0.5−0.4505＝0.0495（4.95％）である。そこで両者の百分率の小数点以下を切り捨てると，有意水準5％のAの値は1.64 となる。よって x=2.14＞1.64 であるから，仮説を捨てて特別な教育を施した学生の平均点が従来の教育法による学生の平均点より高いと結論する。
　このように片側検定法の棄却域は両側検定法の棄却域を包含するから，両側検定法で仮説が捨てられれば，当然片側検定法でも棄却されるのである。

例題 2・9　某保健所で未熟児の男児 107 名の満 5 歳時の体重を測定したところ，平均値 18.3 kg，標準偏差は 2.70 kg であった。同年の厚生省によれば満 5 歳の男児の平均体重は 19.2 kg である。この保健所管内の未熟児の満 5 歳時の体重は全国平均より劣っているだろうか。

　本例では母標準偏差はわからないが，標本の例数が 107 名で 40 名以上であるから，その標準偏差を母標準偏差とみなして計算してよい。したがって本例は式 (2.6) を用いて計算できる。

　仮説：未熟児の男児満 5 歳時の平均体重は全国の同年齢の男児のそれと変わらない。

$$|x| = \frac{|18.3 - 19.2|}{\frac{2.70}{\sqrt{107}}} = \frac{|-0.9| \times \sqrt{107}}{2.70} = 3.44$$

付表1の正規分布表（158頁）で x に相当するAの最大値は 3.19 で 3.44 はない。よって 3.19 についてみる。この値の片側の面積の値は 0.4993 である。したがって両側の面積は 0.4993×2＝0.9986（99.86％）となり，有意水準は 1−0.9986＝0.0014（0.14％）となる。したがって $|x|=3.44>3.19$ であるから当然有意水準 0.5％以下で有意の差がある。そして実際のデータの結果から未熟児の男児満 5 歳児の体重は，全国の同年齢の男児より劣っていると結論する。

> **練習問題 6** 　某市における月齢 11 か月の男児 1,168 名の平均身長は 72.3 cm であり，同年の 11 か月男児の身長の全国平均は 72.0 cm で標準偏差は 2.9 cm であった。某市の月齢 11 か月の男児の平均身長は，全国平均より高いといえるか。

[解答]

　　仮説：身長に差はない。

　　母標準偏差がわかっているので式（2.6）を用いる。

$$|x| = \frac{|72.3 - 72.0|}{\frac{2.9}{\sqrt{1168}}} = \frac{0.3 \times \sqrt{1168}}{2.9} = 3.5$$

付表 1 の正規分布表で x に相当する A の値の最大値は 3.19 で 3.5 はない。よって前の例題 2・9 で解説したように $|x|=3.5>3.19$，3.19 の有意水準は 0.14％であるから，当然有意水準 0.5％以下で有意の差を示す。よって仮説を捨てて，某市の月齢 11 か月の男児は全国平均より高いと結論する。

2. 母標準偏差はわからず，標本の例数が 40 例未満の場合

例題 2・10 　ネズミは生後 3 か月には体重が 65 g に達するという。いま 12 匹のネズミを特別な餌で飼育したら，生後 3 か月の体重は次のようになった。特別な餌は発育に影響があるといえるか。

　　　　55，62，54，58，65，64，60，62，59，67，62，61

　仮説：特別な餌は発育に影響がない。すなわち従来の餌と変わりない。

　この場合に用いる検定の公式は，母平均の推定において用いた t 分布の式（32 頁参照）である。すなわち，

$$t = \frac{標本平均 - 母平均}{\sqrt{\frac{不偏分散}{例数}}} \tag{2.3}$$

によって $|t|$ の値を求め（この場合も先の 1 と同様に t の値は絶対値を問題にすればよい），付表 2（158 頁）の t 分布表から，自由度＝例数－1，有意水準 α の t の値を求め，これよりも計算した $|t|$ が大きければ有意の差

2. 平均値

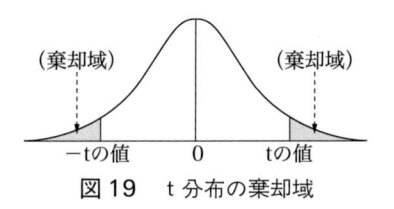

図 19　t 分布の棄却域

表 9　偏差平方和の計算法

体重	体重 -60	(体重 $-60)^2$
55	-5	25
62	2	4
54	-6	36
58	-2	4
65	5	25
64	4	16
60	0	0
62	2	4
59	-1	1
67	7	49
62	2	4
61	1	1
計	9	169

があるので，仮説を捨てる(図19)。

　この例題では自由度$=12-1=11$ であるから有意水準 5 ％ならば $t_{11}(0.05)=2.20$ である。したがって式 (2.3) の t の値が 2.20 より大きければ，有意の差があるとする。実際の計算においては，計算を簡便にするために定数 60 g を引いて**表9**をつくって行う。

$$母　平　均 = 65 - 60 = 5$$

$$標本平均 = \frac{9}{12} = 0.75$$

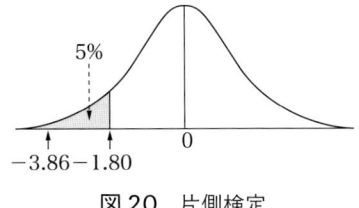

2.3 母平均と標本平均の比較　47

図20 片側検定

$$偏差平方和 = (体重 - 60)^2 の合計 - \frac{\{(体重 - 60) の合計\}^2}{例数}$$

$$= 169 - \frac{9^2}{12} = 162.25$$

$$不偏分散 = \frac{162.25}{11}$$

これらを式 (2.3) に代入すると,

$$|t| = \frac{|0.75 - 5|}{\sqrt{\frac{162.25}{11}}} = \frac{|-4.25|}{\sqrt{\frac{162.25}{11 \times 12}}} = \frac{4.25}{1.10} = 3.86$$

となる。すなわち $|t| = 3.86 > t_{11}(0.05) = 2.20$ であるから,有意水準5％で有意の差がある。よって仮説を捨て,特別な餌は従来の餌に比べて発育に悪い影響を及ぼしたと結論する。

いま行った検定法は両側検定法である。これを片側検定法で行ってみよう。本例題の実際の成績は,特別な餌は従来の餌より発育に悪い影響を及ぼしているから,前記の43頁の注で説明した片側検定では1)の場合にあてはまる。したがってこれを検定するには,仮説は特別な餌は従来の餌より発育によい影響を及ぼす,とする。t の値は絶対値によらないで式 (2.3) を用いて算出すれば $t = -3.86$ となる。t 分布において片側が有意水準の5％の値を求めるには,両側の棄却域を合わせて10％の t の値を使用すればよい。したがって,$t_{11}(0.10) = 1.80$ であるが,この場合は $t = -1.80$ が棄却域の境界点となる。式(2.3)で求めた t の値は-3.86 であるから,$t < t_{11}(0.10)$ となり,t の値は棄却域内にはいるから有意の差がある。よっ

て仮説を捨て，特別な餌は従来の餌より発育に悪い影響を及ぼすと結論する（図20）。

練習問題 7　某会社の全従業員の脈拍数の平均値は1分間70であった。同じ会社の高い騒音が発生する職場で働いている従業員10名の脈拍数は次のようであった。高い騒音が発生する職場で働いている従業員の脈拍数は，某会社全従業員の脈拍数に比べて多いといえるか。

82　70　64　76　78　72　84　88　82　68

［解答］
　仮説：高い騒音が発生する職場で働ている従業員の脈拍数は全従業員の脈拍数と変わらない。

　検定は式(2.3)によって行う。この場合高い騒音が発生する職場で働いている従業員の脈拍数の平均値が標本平均，某会社全従業員の脈拍数の平均値70が母平均となる。

　実際の計算は，計算を簡便にするために定数80を引いて表に示すようにして行う。

脈拍数	脈拍数-80	(脈拍数$-80)^2$
82	2	4
70	-10	100
64	-16	256
76	-4	16
78	-2	4
72	-8	64
84	4	16
88	8	64
82	2	4
68	-12	144
計	-36	672

$$母平均 = 70 - 80 = -10$$

$$標本平均 = \frac{-36}{10} = -3.6$$

$$偏差平方和 = 672 - \frac{(-36)^2}{10} = 672 - 129.6 = 542.4$$

$$\text{不偏分散} = \frac{542.4}{9} = 60.2$$

$$|t| = \frac{|-3.6-(-10)|}{\sqrt{\dfrac{60.2}{10}}} = \frac{6.4}{2.4} = 2.66$$

すなわち $|t|=2.66>t_9(0.05)=2.26$ であるから有意水準 5％で有意差がある。よって仮説を捨て，高い騒音が発生する職場で働いている従業員の脈拍数は全従業員の脈拍数より高いと結論する。

練習問題 8 ある会社で 40〜45 歳の女子従業員 20 名の血圧を測定したところ，最高血圧の平均値は 146 mmHg，標準偏差は 30 mmHg であった。同年代の全国平均 140 mmHg に比べて差があるといえるか。

[解答]

　仮説：全国と差がない。

　本例の標準偏差は例数が 20 名で 40 名未満であるから (2.2) による不偏分散から導かれたものである。

よって式 (2.3′) に代入して検定する。

$$|t| = \frac{|146-140|}{\sqrt{\dfrac{30^2}{20}}}$$

$$= \frac{|6|}{6.7}$$

$$= 0.8$$

となる。この値は $t_{19}(0.05)=2.09$ より小さいから有意の差がない。よって仮説を捨てることはできない。

§ 2·4　2つの標本平均の比較

　健康者とある疲患をもつ患者の平均値を比較するように，比較する 2 つの群が全く関係ない場合と，ある処置を行った前後の血圧値または血液中のある成分の濃度または量を比較するような場合とがある。前者を「対応のない場合」，後者を「対応のある場合」という。比較する群の間に関連があるかないかということである。対応のない場合とある場合とによって検定の方法が異なる。

1. 対応のない場合

a）標本の例数が 40 例以上の場合

例題 2・11 Aの集団 50 名のヘマトクリット値の平均値は 49.0 %，標準偏差は 3.28 %であった。Bの集団 64 名のヘマトクリット値の平均値は 47.6 %，標準偏差は 4.12 %であった。両集団間にヘマトクリット値の差異が認められるか。

仮説：Aの母集団とBの母集団のヘマトクリット値には差異がない。

ここで知りたいのは，AおよびBの背後にある母集団についてのヘマトクリット値の差異である。このときのAおよびBの集団の例数が 40 例以上のときには，それらの標本は正規分布をすることがわかっているからこれを利用する（しかしなかには正規分布をしないものがある。このような場合には正規分布をするようなかたちになおす必要がある（22 頁の注参照）。さてAおよびBの標本が正規分布をするときはこれらの標本平均も正規分布する。したがって，Aの母平均の存在する範囲とBの母平均の存在する範囲とが重なり合わなければ，Aの母平均はBの母平均より大きいといえる。これを式で表すには，AおよびBの母平均の存在する範囲は式（2.1）（30 頁参照）で示されるから，信頼度を 99.7 %（有意水準 0.3 %）とすると，

Aの標本平均 － Bの標本平均

≧ 3 × Aの標準誤差

＋ 3 × Bの標準誤差

となる（図 21-a）。

Aの母平均の存在する範囲とBの母平均の存在する範囲とが重なり合っているときは，Aの母平均がBの母平均より小さいときがあるので，Aの母平均はBの母平均より大きいとは決められない（図 21-c）。

Aの母平均の存在する範囲とBの母平均の存在する範囲とがわずかに重なった場合には，Aの母平均がaのような極端な値をとることはまれであり，Bの母平均がbのような極端な値をとることはまれである。そのまれ

図中:

a
B   A
0 母平均 母平均
3×Bの標準誤差 3×Aの標準誤差
Aの標本平均−Bの標本平均

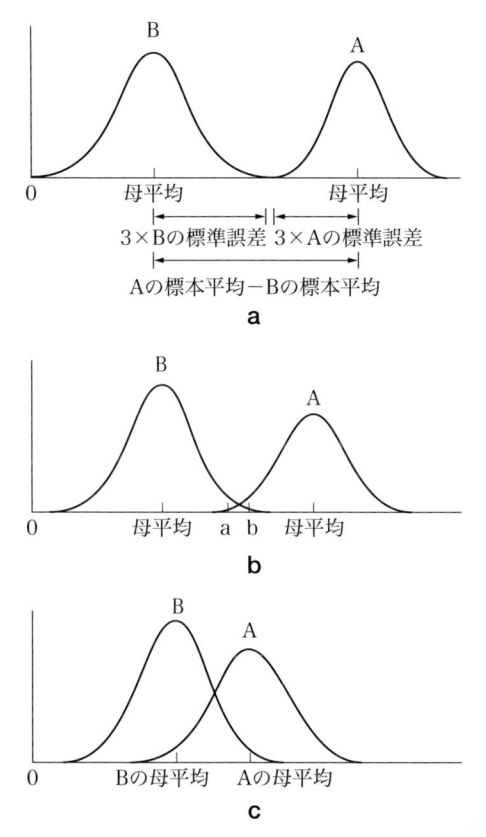

b
B   A
0 母平均 a b 母平均

c
B   A
0 Bの母平均 Aの母平均

図21　2つの標本平均の差

なことが同時におこることはなおまれであるから，わずかの重なりは差があるとみなしてよいだろう（図21-b）。

それで上の式の条件を少しゆるめて，

Aの標本平均−Bの標本平均 $\geqq 2.58\sqrt{(Aの標準誤差)^2+(Bの標準誤差)^2}$

とする。$\sqrt{(Aの標準誤差)^2+(Bの標準誤差)^2}$ は（Aの標準誤差＋Bの標準誤差）より少し小さい。上式を書き換えると，

$$\frac{Aの標本平均 - Bの標本平均}{\sqrt{(Aの標準誤差)^2 + (Bの標準誤差)^2}} \geqq 2.58 \qquad (2.7)$$

となる。これは有意水準1％の場合であって，有意水準を5％にすると，2.58を1.96にすればよい。実際の計算では，差の絶対値を問題にすればよい。

例題2・11を計算しよう。

$$Aの標準誤差 = \frac{標準偏差}{\sqrt{例数}} = \frac{3.28}{\sqrt{50}} = \frac{3.28}{7.07} = 0.46$$

$$Bの標準誤差 = \frac{4.12}{\sqrt{64}} = \frac{4.12}{8} = 0.51$$

$$\frac{|Aの標本平均 - Bの標本平均|}{\sqrt{(Aの標準誤差)^2 + (Bの標準誤差)^2}} = \frac{|49.0 - 47.6|}{\sqrt{0.46^2 + 0.51^2}}$$

$$= \frac{1.4}{\sqrt{0.4717}} = \frac{1.4}{0.68} = 2.05$$

となる。2.05＜2.58であるから，有意水準1％では有意の差がない。しかし有意水準を5％に変えると，2.05＞1.96となるから有意の差がある。そしてAの標本はBの標本より平均値が大きいからAの母集団のヘマトクリット値はBの母集団より大であると結論する。

練習問題 9 ある地域の男児の未熟児107名の生後4年6か月における平均体重は15.6 kg，標準偏差は1.14 kgであった。同地域の成熟児1,069名の同年齢における平均体重は15.5 kg，標準偏差は1.21 kgであった。この成績は生後4年6か月で未熟児の体重が成熟児の体重に追いつくという山県の成績と一致するか。

［解答］
仮説：生後4年6か月時の体重は，未熟児と成熟児とでは差がない。
　標準誤差は，

未熟児では $\dfrac{1.14}{\sqrt{107}} = \dfrac{1.14}{10.34} = 0.11$

成熟児では $\dfrac{1.21}{\sqrt{1069}} = \dfrac{1.21}{32.69} = 0.03$

となる。これを式 (2.7) に代入すると，

$$\dfrac{|15.6-15.5|}{\sqrt{0.11^2+0.03^2}} = \dfrac{0.1}{\sqrt{0.0130}} = \dfrac{0.1}{0.11} = 0.90$$

となるから，有意水準5％では有意の差がない。そこで仮説を採用し，山県の成績と一致すると結論する。

練習問題 10 青森県の14才の男61名の平均体重は57.9 kg，標準偏差は11.46 kg，同年度の鹿児島県の同年齢の男58名の平均体重は54.4 kg，標準偏差は9.67 kgであった。両県の体重に差がみられるか。

[解答]
　仮説：体重に差がない。
　標準誤差は，

青森県では $\dfrac{11.46}{\sqrt{61}} = \dfrac{11.46}{7.81} = 1.46$

鹿児島県では $\dfrac{9.67}{\sqrt{58}} = \dfrac{9.67}{7.61} = 1.27$

となる。これを式 (2.7) に代入すると，

$$\dfrac{|57.9-54.4|}{\sqrt{1.46^2+1.27^2}} = \dfrac{3.5}{\sqrt{3.74}} = \dfrac{3.5}{1.93} = 1.81$$

となるから，有意水準5％では有意の差がない。よって体重に差があるとはいえない。

練習問題 11 昭和24年の某市における1,798名の7か月男児の平均身長は66.3 cm，標準偏差は3.0 cmで，昭和28年の同市の7か月男児950名の平均身長は66.8 cm，標準偏差は3.0 cmであった。年度による身長の差が認められるか。

[解答]
仮説：昭和24年と昭和28年の間に身長の差はない。
　標準誤差は，

昭和24年では $\dfrac{3.0}{\sqrt{1798}} = \dfrac{3.0}{42.40} = 0.07$

昭和28年では $\dfrac{3.0}{\sqrt{950}} = \dfrac{3.0}{30.82} = 0.09$

となる。これを式 (2.7) に代入して，

$$\dfrac{|66.3 - 66.8|}{\sqrt{0.07^2 + 0.09^2}} = \dfrac{0.5}{\sqrt{0.013}} = \dfrac{0.5}{0.11} = 4.54$$

となり，有意水準1％の値2.58より大きいので有意の差がある。したがって，昭和28年のほうが昭和24年より身長が高いと結論する。

b） 標本の例数が40例未満の場合

1） 母分散が等しい場合

例題 2・12　新しいブタの餌を，A，Bの2種類つくって，それぞれ10匹ずつに与えたところ，次のような体重増加を示した。A，B間に差異が認められるか（単位 kg）。

　　　A：31, 34, 29, 26, 32, 35, 38, 34, 30, 29
　　　B：26, 24, 28, 29, 30, 29, 32, 26, 31, 29

対応のない場合の40例未満の例数を持つ2つの標本平均を比較するには，それらの母分散が等しいことが前提条件となる。すなわち図22のように母分散が異なる場合は，これから述べる母分散が等しい場合の検定方法は使用できない。したがって本検定の場合は，まず母分散が等しいかどうかの検定（これを**等分散の検定**という）を行って，母分散が等しいことを確認してから母平均が等しいかどうかの検定（これを**等平均の検定**という）を行うのである。

　このように本来は，本検定は母分散が等しい場合だけ使用できるものである。しかし，現実には母分散が異なる場合でも2つの標本平均の検定を行わねばならないことがある。よってこのような場合の検定の方法を61頁以下に述べた。

　さて，母分散が等しいことを検定するには，2つの母分散が等しいときにはその**不偏分散比**（F，不偏分散の大きいほうを分子にし，小さいほうを分母として求める）の分布がF分布をするということを利用する。

図22 母分散が等しくないもの

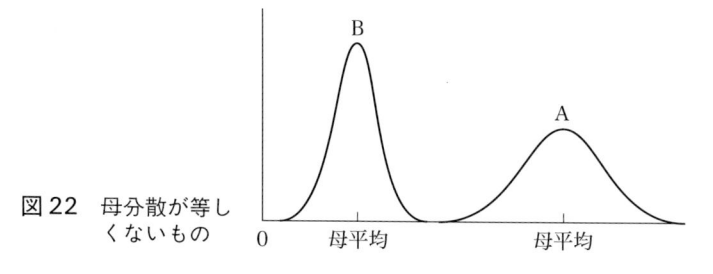

　それではF分布をするとはどんな意味か。母分散が等しい2つの母集団から，それぞれ例数の決まっている標本をとりだし，それぞれ不偏分散を計算し，次いで不偏分散比を求める。これを何回も繰り返すと多くの不偏分散比が得られるので，これを用いて度数分布表をつくり，図に描くと図23に示すようなF分布をする，ということである。

　F分布は自由度が，第1自由度（n_1，分子の自由度），第2自由度（n_2，分母の自由度）と2つあって，これを定めると，Fの値が決まる。図23においてFの値が0から大きくなると，yの値も0から次第に大きくなるが，Fの値がさらに大きくなると，yの値は逆に小さくなって，限りなく0に近づく。すなわちF分布は左右対称の型でなく，yのピークが，Fの値の小さいほうにかたよっている分布曲線である。

F分布表の読み方

　付表6，7（164～167頁）で横欄に書いてあるのが第1自由度で，縦欄に書いてあるのが，第2自由度である。内側の数字は，有意水準2.5％のものである。例えば第1自由度$n_1=10$，第2自由度$n_2=12$ならば，有意水準2.5％ではFの値は3.37である（これを$F^{10}_{12}(0.025)=3.37$と書く）。このことは3.37以上の大きい値をFがとる確率は2.5％以下である（図23の斜線の部分），ということである。

　さて母分散が等しいという条件が満たされたならば，次の公式を用いてスチューデント（student）のt検定を行う。

図23 F分布のFの値

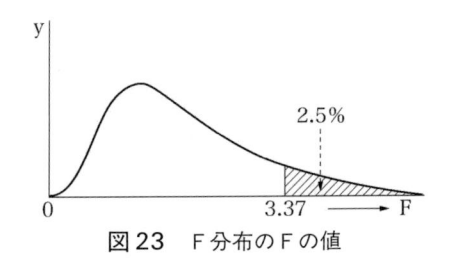

$$t = \frac{Aの標本平均 - Bの標本平均}{\sqrt{(共通分散の不偏推定量) \times \left(\dfrac{1}{Aの例数} + \dfrac{1}{Bの例数}\right)}} \quad (2.8)$$

ただし

$$共通分散の不偏推定量 = \frac{Aの偏差平方和 + Bの偏差平方和}{Aの例数 + Bの例数 - 2}$$

このtの値は，Aの母平均とBの母平均が等しいときには，自由度＝Aの例数＋Bの例数－2のt分布をする。

実際の計算においては，式(2.8)をそのまま使用しないで，もう少し計算しやすい形に変形して利用する。すなわち，

$$t = \frac{Aの標本平均 - Bの標本平均}{\sqrt{Aの偏差平方和 + Bの偏差平方和}} \times \sqrt{\frac{Aの例数 \times Bの例数 \times (Aの例数 + Bの例数 - 2)}{Aの例数 + Bの例数}} \quad (2.8')$$

の公式によって計算する。求めたtの値が，t分布表の自由度＝Aの例数＋Bの例数－2，有意水準＝αにおけるtの値より大きければ，Aの母平均＝Bの母平均の仮説を有意水準αで捨てる(これを**等平均の検定**という)。このときのtの値は絶対値を問題にすればよい。

例題2・12について，まず**等分散**かどうかを検定しよう。それにはA，Bの母分散は等しいという仮説をたて，§2・3の例題2・10の場合(45頁)と同様に両群の測定値から30を引いて表10をつくる。次いでA，Bの不偏分

散を求め，これから不偏分散比（F）を計算する．

$$\text{Aの不偏分散} = \frac{\text{Aの偏差平方和}}{\text{Aの自由度}} = \frac{144 - \frac{18^2}{10}}{9} = 12.4$$

$$\text{Bの不偏分散} = \frac{\text{Bの偏差平方和}}{\text{Bの自由度}} = \frac{80 - \frac{(-16)^2}{10}}{9} = 6.0$$

$$F = \frac{\text{Aの不偏分散}}{\text{Bの不偏分散}} = \frac{12.4}{6.0} = 2.06$$

Aの不偏分散のほうが大きいからこれを分子にした．さて **F 分布表**で自由度 $n_1 = 10 - 1 = 9$，$n_2 = 10 - 1 = 9$ で，有意水準2.5％の値（等分散かどうかを判定する有意水準が5％ならば実際の不偏分散比の検定にはその2分の1の2.5％の有意水準で行う）を求めると，$F_9^9(0.025) = 4.02$（付表6）であるから，$F < F_9^9(0.025)$ となり有意の差がないので母分散が等しいという仮説は捨てられない（これを**等分散の検定**という）．したがって次にAとBの母平均が等しいかどうかを検定する．

仮説：AとBの母平均は等しい．

表10 から，A，Bの標本平均および偏差平方和を求めると，

　　A：標本平均＝1.8

　　　　偏差平方和＝111.6

　　B：標本平均＝－1.6

　　　　偏差平方和＝54.4

となる．これを式（2.8′）に代入すると，

$$|t| = \frac{|\text{Aの標本平均} - \text{Bの標本平均}|}{\sqrt{\text{Aの偏差平方和} + \text{Bの偏差平方和}}} \times \sqrt{\frac{\text{Aの例数} \times \text{Bの例数} \times (\text{Aの例数} + \text{Bの例数} - 2)}{\text{Aの例数} + \text{Bの例数}}}$$

$$= \frac{|1.8 - (-1.6)|}{\sqrt{111.6 + 54.4}} \times \sqrt{\frac{10 \times 10 \times 18}{10 + 10}} = \frac{|3.4|}{\sqrt{166.0}} \times \sqrt{\frac{1800}{20}}$$

$$= \frac{|3.4|}{12.8} \times 9.4 = \frac{|31.96|}{12.8} = 2.49$$

表10 A，Bの偏差平方和の計算法

A	A−30	(A−30)²	B	B−30	(B−30)²
31	1	1	26	−4	16
34	4	16	24	−6	36
29	−1	1	28	−2	4
26	−4	16	29	−1	1
32	2	4	30	0	0
35	5	25	29	−1	1
38	8	64	32	2	4
34	4	16	26	−4	16
30	0	0	31	1	1
29	−1	1	29	−1	1
計	18	144		−16	80

となる。これと，t 分布表から自由度＝18，有意水準5％の t の値，$t_{18}(0.05)=2.10$ と比較すると，

$$|t| > t_{18}(0.05)$$

であるから，有意水準5％で有意の差がある。よって等平均の仮説を捨て，標本平均ではAのほうが大きいから，Aの餌のほうがBの餌より体重が増加するということができる。

注1) 2つの標本において，その平均値を比較する場合，同じ数を引いたり，かけたりした値で検定した結果は，同じ数を引いたりかけたりしないで検定した結果と等しいことが証明されている。したがって計算が簡単になるように同じ数を引いたりかけたりして行ったほうがよい。例題2・10と2・12がその例である。

注2) 2つの標本平均を比較するときは，例数が等しくなくてもよいが，その違いが大きくないほうがよい。片方の例数が極端に少ないと，多いほうに検定の重みが移って正しい結論が出ない。例題2・12でBの例数を半分にし，標本平均をそのまま等しくとり，表11をつくると，

Aの不偏分散＝12.4

Bの不偏分散＝$\dfrac{34-\dfrac{(-8)^2}{5}}{4}=5.3$

で不偏分散比は，

表11 注2の計算法

A	A−30	(A−30)²	B	B−30	(B−30)²
31	1	1	31	1	1
34	4	16	26	−4	16
29	−1	1	30	0	0
26	−4	16	26	−4	16
32	2	4	29	−1	1
35	5	25			
38	8	64			
34	4	16			
30	0	0			
29	−1	1			
計	18	144		−8	34

$$F = \frac{12.4}{5.3} = 2.33 < F_4^9(0.025) = 8.90$$

であるから有意の差がない。よってAとBの母分散は等しいという仮説は捨てられない。したがって、次にAとBの母平均は等しいという仮説の検定を行う。式 (2.8′) によって $|t|$ の値を求めると，

$$|t| = \frac{|1.8 + 1.6|}{\sqrt{111.6 + 21.2}} \times \sqrt{\frac{10 \times 5 \times 13}{10 + 5}} = 1.94$$

となる。t分布表から自由度＝13，有意水準5％のtの値を求めると，$t_{13}(0.05) = 2.16$ であるから，$|t| < t_{13}(0.05)$ となり有意の差を示さない。よって母平均は等しいという仮説は捨てられない。すなわち，先の検定成績とは全然反対の結論となった。したがって例数はなるべく等しくしたほうがよいということがわかる。

注3) tの値を求める場合において，自由度が30以上でt分布表に記載していないときの求め方は，練習問題12を参照のこと。

練習問題 12 未熟児20名の生後12か月の平均体重は8.75 kg，標準偏差は0.62 kgで，過熟児15名の生後12か月の平均体重は9.13 kg，標準偏差は0.75 kgであった。両者に差が認められるか。

［解答］
まず母分散が等しいという仮説の検定を行う。

本例の標準偏差は (2.2) による不偏分散から導かれたものであるから，不偏分散は次のようにして求める。

$$\text{未熟児では} \quad 0.62^2 = 0.38$$
$$\text{過熟児では} \quad 0.75^2 = 0.56$$

となる。したがって不偏分散比は，

$$F = \frac{0.56}{0.38} = 1.47$$

となり，付表4のF分布表で自由度 $n_1 = 15 - 1 = 14$, $n_2 = 20 - 1 = 19$ で，有意水準2.5％の値を求めると，$F^{14}_{19}(0.025)$ の値は存在しない。しかし $F^{12}_{19}(0.025) = 2.72$, $F^{15}_{19}(0.025) = 2.62$ よりも小さいから，有意の差がないことは明らかである。よって，母分散が等しいという仮説は捨てられない（F分布表で求める自由度がないときには，その前後の自由度のFの値を用いてあとで述べる線型補間法によってFの値を求めることができる）。

したがって両者の母平均は等しいという仮説の検定を行う。すなわち式 (2.8′) より，

$$|t| = \frac{|8.75 - 9.13|}{\sqrt{7.22 + 7.84}} \times \sqrt{\frac{20 \times 15 \times 33}{20 + 15}} = \frac{|-0.38|}{\sqrt{15.06}} \times \sqrt{\frac{9900}{35}}$$

$$= \frac{|-0.38|}{3.88} \times 16.81 = 1.64$$

となる。付表2のt分布表では自由度＝33，有意水準5％のtの値は記載されていない。こういう場合には次のようにして求める。$t_{33}(0.05) = x$ とすると，

$$\frac{t_{30}(0.05) - x}{t_{30}(0.05) - t_{40}(0.05)} = \frac{\frac{1}{30} - \frac{1}{33}}{\frac{1}{30} - \frac{1}{40}}$$

という式が成立する（これを線型補間法という）。しかし，$t_{30}(0.05) = 2.042$, $t_{40}(0.05) = 2.021$ であるから，

$$\frac{2.042 - x}{2.042 - 2.021} = \frac{4}{11}$$
$$22.462 - 11x = 0.084$$
$$-11x = -22.378$$
$$x = 2.034$$

となる。すなわち $|t| < t_{33}(0.05)$ となり有意の差を示さないので，等平均の仮説は捨てられない。したがって生後12か月の体重は過熟児のほうが重いといえない。

2）母分散が等しくない場合

この場合は比較する標本の例数が等しい場合と等しくない場合とでやり方が異なる。

i) 例数が等しい場合

計算方法は母分散が等しい場合の t の式(2.8′)(56頁)で計算し，$|t|$ の値が自由度＝片方の標本の例数－1で有意水準5％の t の値より大きかったならば，2つの母平均が等しいという仮説を捨てる。

この場合と先の母分散が等しい場合とを比較すると，計算方法は同じであるが，検定の場合に用いる自由度が，先の場合に比べて半分になっているから，差が有意であるためには，先の場合より $|t|$ の値がさらに大きくなければならないことがわかる。

例題 2・13 M，Nの2部屋の汚染度を比較するべく，それぞれ10か所に普通寒天培地のシャーレを置いて落下細菌数を調べたら次のようになった。この成績からN部屋のほうが汚染されていないといえるか。

M部屋	34	48	27	28	20	42	31	35	38	29
N部屋	23	9	8	4	50	36	3	41	11	18

M	M^2	N	N^2
34	1156	23	529
48	2304	9	81
27	729	8	64
28	784	4	16
20	400	50	2500
42	1764	36	1296
31	961	3	9
35	1225	41	1681
38	1444	11	121
29	841	18	324
計 332	11608	203	6621

まず等分散であるという仮説の検定を行う。それには前頁のような表をつくり、それぞれの不偏分散を求める。

$$M の不偏分散 = \frac{11608 - \frac{332^2}{10}}{9} = 65.0$$

$$N の不偏分散 = \frac{6621 - \frac{203^2}{10}}{9} = 277.7$$

であるから不偏分散比は,

$$F = \frac{277.7}{65.0} = 4.27$$

となる。F分布表で自由度 $n_1 = 9$, $n_2 = 9$ で有意水準 2.5％の値を求めると, $F_9^9(0.025) = 4.03$ であるから,

$$F > F_9^9(0.025)$$

となり有意の差がある。よって等分散の仮説は捨てられる。

そこで等平均の仮説検定を行う。

Mの標本平均＝33.2　　偏差平方和＝585.6
Nの標本平均＝20.3　　偏差平方和＝2500.1

であるから、これを式 (2.8′) に代入すると,

$$|t| = \frac{|33.2 - 20.3|}{\sqrt{585.6 + 2500.1}} \times \sqrt{\frac{10 \times 10 \times 18}{10 + 10}}$$

$$= \frac{12.9}{\sqrt{3085.7}} \times \sqrt{\frac{1800}{20}}$$

$$= 2.18$$

となる。t分布表で自由度＝$10 - 1 = 9$, 有意水準5％の t の値は $t_9(0.05) = 2.26$ であるから,

$$|t| < t_9(0.05)$$

となり有意の差がない。よって、仮説は捨てられない。すなわち、N部屋

のほうが汚染度が低いといえない。この成績からはM部屋とN部屋の汚染度は変わらないということになる。

ⅱ）例数が等しくない場合

例題 2・14　A，Bの2部屋の汚染度を比較するべく，Aでは10か所，Bでは8か所に普通寒天培地のシャーレを置いて落下細菌数を調べたら表の成績を得た。これからBのほうが汚染されていないといえるか。

A	A²	B	B²
34	1156	23	529
48	2304	9	81
20	400	8	64
28	784	4	16
20	400	50	2500
42	1764	36	1296
31	961	3	9
35	1225	41	1681
38	1444		
29	841		
計 325	11279	174	6176

この場合は次のtの式 (2.9) を用いてウェルチのt検定 (Welch's t-test) を行う。

$$|t| = \frac{|\text{Aの標本平均} - \text{Bの標本平均}|}{\sqrt{\dfrac{\text{Aの不偏分散}}{\text{Aの例数}} + \dfrac{\text{Bの不偏分散}}{\text{Bの例数}}}} \tag{2.9}$$

次いで，この $|t|$ の値が，有意水準5％のもとに次の式 (2.10) で計算したtの値より大であるならば，AとBの母平均は等しいという仮説を捨てる。

$$t = \frac{\dfrac{\text{Aの不偏分散} \times t_A}{\text{Aの例数}} + \dfrac{\text{Bの不偏分散} \times t_B}{\text{Bの例数}}}{\dfrac{\text{Aの不偏分散}}{\text{Aの例数}} + \dfrac{\text{Bの不偏分散}}{\text{Bの例数}}} \tag{2.10}$$

この式において t_A は自由度＝Aの例数－1で有意水準5％のtの値を，

t_Bは自由度＝Ｂの例数－1で有意水準5％のｔの値をそれぞれ示す。

例題2・14について検定しよう。まず母分散が等しいという仮説の検定を行う。

$$Aの不偏分散 = \frac{11279 - \frac{325^2}{10}}{9} = 79.6$$

$$Bの不偏分散 = \frac{6176 - \frac{174^2}{8}}{7} = 341.6$$

$$F = \frac{341.6}{79.6} = 4.29$$

したがって $F > F_9^7(0.025) = 4.20$ となるから，有意の差がある。よってＡ，Ｂの母分散は等しいという仮説は捨てられる。

次いでＡ，Ｂの母平均は等しいとの仮説の検定を行う。

　　Aの標本平均＝32.5　　不偏分散＝79.6

　　例数＝10

　　Bの標本平均＝21.8　　不偏分散＝341.6

　　例数＝8

これらの値を式（2.9）に代入すると，

$$|t| = \frac{|32.5 - 21.8|}{\sqrt{\frac{79.6}{10} + \frac{341.6}{8}}} = \frac{10.7}{\sqrt{50.66}} = 1.50$$

ｔ分布表において $t_9(0.05) = 2.26$, $t_7(0.05) = 2.36$ であるから，これを用いて式（2.10）を計算すると，

$$t = \frac{\frac{79.6 \times 2.26}{10} + \frac{341.6 \times 2.36}{8}}{\frac{79.6}{10} + \frac{341.6}{8}}$$

$$= \frac{\frac{9500.928}{80}}{\frac{4052.8}{80}}$$

$$= \frac{9500.928}{4052.8}$$

$$= 2.34$$

したがって $|t|=1.50$, $t=2.35$ であるから，

$$|t| < t$$

となり有意の差がない。よって仮説は捨てられない。

対応のない 2 つの標本平均の検定方法の考え方のモデルを巻末の 156 頁に表としてまとめたので参照されたい。

3）マンホイットニーの U 検定（Mann-Whitney's U-test）

先に 2 つの標本平均の比較において，標本の例数が 40 例未満で対応のない場合の検定方法を解説した（54 頁）が，この方法より検出力は幾分劣るが簡便な計算で検定できる方法がある。その 1 つが本法である。

この方法には，比較する 2 つの標本のいずれの例数も a）20 に等しいかこれより少ない場合，b）比較する 2 つの標本のいずれかの例数が 20 より多い場合で検定方法が異る。

i）2 つの標本のいずれの例数も 20 に等しいかこれより少ない場合

例題 2・15 　高血圧患者 11 名と健康者 9 名の血清中のある酵素の測定値とその順位を示したものが表 12 である。この表の成績から高血圧患者と健康者との間に，ある酵素の測定値に差異が認められるか。

マンホイットニーの U 検定の従来の方法と異る点は，標本のデータを順位に変換して計算するところにある。すなわち 2 つの標本のデータを一緒にして小さい方から順に並べ，1，2，……のように順位をつける。いくつかのデータの値が等しいときは，まず通しで順位をつけ，その真ん中の順位を等しい値を持つデータにつける。例えば 3 つのデータが等しい値を持ち，それが順位では 4，5，6 番にあたるとすると，真ん中の 5 番を 3 つのデータにつけるのである。このような方法で高血圧患者 11 名と健康者 9 名の血清中のある酵素の測定値とその順位および順位和を求め表に示したものが表 12 である。

2. 平均値

表 12 高血圧患者と健康者の血清中のある酵素の測定値とその順位

高血圧患者（A）		健康者（B）	
測定値	順位	測定値	順位
25	18	14	4.5
14	4.5	15	6.5
31	20	16	8.5
23	16.5	12	2.5
23	16.5	15	6.5
19	11	21	14
20	12.5	20	12.5
8	1	16	8.5
28	19	17	10
12	2.5		
22	15		
順位和	136.5	順位和	73.5

いま，高血圧患者の酵素のグループを標本 A，健康者の酵素のグループを標本 B として，U_A, U_B を式 (2.11)，(2.12) によって求める。

$$U_A = Aの例数 \times Bの例数 + \frac{Aの例数 \times (Aの例数+1)}{2} - Aの順位和$$
(2.11)

$$U_B = Aの例数 \times Bの例数 + \frac{Bの例数 \times (Bの例数+1)}{2} - Bの順位和$$
(2.12)

ついで U_A と U_B のうち，小さい方を U_0 とし，付表 12 で対応する標本の例数での U と比較し，これより小さければ，有意水準 5% で有意の差があるので仮説をすてる。

それでは，例題 2・15 を検定しよう。

仮説：高血圧患者と健康者との間には，ある酵素の測定値に差異がない。

$$U_A = 11 \times 9 + \frac{11\ (11+1)}{2} - 136.5$$

$$= 99 + \frac{132}{2} - 136.5$$

$$= 28.5$$

$$U_B = 11 \times 9 + \frac{9 \times 10}{2} - 73.5$$

$$= 99 + \frac{90}{2} - 73.5$$

$$= 70.5$$

$U_A=28.5$, $U_B=70.5$ であるから, 値の小さい U_A を U_0 として, 付表12 で対応する標本の例数, A の例数＝11, B の例数＝9 での $U\left(\frac{0.05}{2}\right)=23$ と比較する。

$U_0=28.5 > U\left(\frac{0.05}{2}\right)$ であるから, 有意水準5％では有意差がないので仮説は否定できない。ところで付表12 では A の例数＝11, B の例数＝9 の U は存在しない。このような場合は A の例数＝9, B＝11 の例数とすれば U は存在するのでこの方法を用いて U をみつければよい。

ⅱ) 2つの標本のいずれかの例数が20より多い場合

つぎに示す式（2.13）を用いて検定する。

$$Z_0 = \frac{\left| U_0 - \dfrac{A の例数 \times B の例数}{2} \right| - \dfrac{1}{2}}{\sqrt{\dfrac{A の例数 \times B の例数 \times (A の例数 + B の例数 + 1)}{12}}} \quad (2.13)$$

この公式によって求めた Z_0 は連続性の補正をしており, 近似的に正規分布に従うと考えられるので, 正規分布の有意水準5％の値 1.96 とくらべ, Z_0 が大きければ2つの標本間に有意の差があると判定する。

標本のデータに同順位のものが多い場合は, 上記の式（2.13）を修正したものを用いるとよい。これを例題 2・16 を用いて説明しよう。

2. 平均値

例題 2・16 A, B のグループについてある物質の測定値を比較したところ，表 13 に示す成績となった。この成績から A グループと B グループとの間に，ある物質の測定値に差異が認められるか。ただし A グループの人数は 21 名，B グループの人数は 16 名である。

まず，先の例題 2・15 の場合と同様に，2 つの標本のデータを一緒にして小さい方から順位をつけ，標本 A と標本 B の順位和を求め(表 13)，U_A, U_B を式 (2.11) および (2.12) によって求める。

$$U_A = 21 \times 16 + \frac{21 \times 22}{2} - 524$$

$$= 336 + \frac{462}{2} - 524 = 43$$

$$U_B = 21 \times 16 + \frac{16 \times 17}{2} - 177$$

$$= 336 + \frac{272}{2} - 177 = 295$$

したがって U_A の方が値が小さいから U_0 は 43 である。

つぎに同順位のデータの個数を表 13 を用いて数える。すなわち，同順位が 2.5 では 2 個，3.5 では 2 個，6.5 では 2 個，9 では 3 個，12 では 3 個，15 では 3 個，18 では 3 個，20.5 では 2 個，22.5 では 2 個，25 では 3 個，28 では 3 個，31.5 では 2 個，33.5 では 2 個，36.5 では 2 個である。

よって式 (2.14) から U_0 の分散を求めると，

$$U_0 \text{の分散} = \frac{\text{A の例数} \times \text{B の例数} \times (\text{A の例数} + \text{B の例数} + 1)}{12} -$$

$$\frac{[\{(\text{同順位のデータの個数})^3 - (\text{同順位のデータの個数})\} \text{の合計}] \times \text{A の例数} \times \text{B の例数}}{12 \times (\text{A の例数} + \text{B の例数}) \times (\text{A の例数} + \text{B の例数} - 1)}$$

$$(2.14)$$

2・4 2つの標本平均の比較

表 13 A グループと B グループのある物質の測定値とその順位

A		B	
測定値	順位	測定値	順位
15	2.5	14	1
18	9	15	2.5
20	12	16	3.5
21	15	16	3.5
22	18	17	6.5
22	18	17	6.5
24	22.5	18	9
26	25	18	9
26	25	20	12
26	25	20	12
27	28	21	15
27	28	21	15
27	28	22	18
28	30	23	20.5
29	31.5	23	20.5
29	31.5	24	22.5
30	33.5		
30	33.5		
31	35		
32	36.5		
32	36.5		
順位和	524	順位和	177

$$U_0 \text{の分散} = \frac{21 \times 16 \times 38}{12} -$$

$$\frac{\{(2^3-2)+(2^3-2)+(2^3-2)+(3^3-3)+(3^3-3)+(3^3-3)+(3^3-3)+(2^3-2)+(2^3-2)+(3^3-3)+(3^3-3)+(2^3-2)+(2^3-2)+(2^3-2)\} \times 21 \times 16}{12 \times (21+16) \times (21+16-1)}$$

$$= \frac{12768}{12} - \frac{192 \times 21 \times 16}{15984}$$
$$= 1064 - 4.03 = 1059.97$$

となる。よって式 (2.15) を用いて正規分布の方法によって検定を行えばよい。

仮説：A, B グループの間にはある物質の測定値に差異はない。

$$Z_0 = \frac{\left|U_0 - \dfrac{Aの例数 \times Bの例数}{2}\right|}{\sqrt{U_0の分散}} \quad (2.15)$$

$$Z_0 = \frac{\left|43 - \dfrac{21 \times 16}{2}\right|}{\sqrt{1059.97}}$$
$$\doteqdot 3.84$$

この値は 1.96 より大きいので有意水準 5％ で有意差があるので，仮説をすてる。($Z_0 \doteqdot 3.84$ は有意水準 1％ でも有意差を示す値である。)

2. 対応のある場合

例題 2・17　ある血圧上昇剤を 8 人の健康者に注射し，前後に最高血圧を測定したところ，次の値を得た。血圧上昇剤によって血圧があがったといえるか。

注射前	105, 110, 120,　95, 130, 115, 130, 118
注射後	112, 108, 130, 110, 132, 128, 150, 124

対応のある平均値の比較は，医学関係ではよく使われる方法である。

表14　対応のある場合の計算法

前	後	後―前	(後―前)²
105	112	7	49
110	108	−2	4
120	130	10	100
95	110	15	225
130	132	2	4
115	128	13	169
130	150	20	400
118	124	6	36
計		71	987

対応のある群をA，Bとすると，A，B群の対応するおのおのの測定値が等しければ，その差はいずれも0となるから差の平均も0となる。すなわち母平均を0とする分布をするはずである。

したがって，A，B群の対応するおのおのの測定値の差の平均を標本平均として，その母平均は0であるという仮説をたて，これを検定すればよい。それには母平均と標本平均の比較のときに利用する，t分布の式(2.3)(33頁)を用いればよい。

この場合のtの値は絶対値を問題にすればよい。

例題について検定しよう。

仮説：注射の前と後とに差がない。

例題の値を**表14**のようにつくると，

$$各測定値の差の平均値 = 標本平均 = \frac{71}{8} = 8.87$$

母平均 $= 0$

偏差平方和 $=$ (各測定値の差)² の合計

$$- \frac{(各測定値の差の合計)^2}{例数}$$

$$= 987 - \frac{71^2}{8}$$

$$= 356.87$$

であるから，

$$|t| = \frac{|標本平均 - 母平均|}{\sqrt{\dfrac{不偏分散}{例数}}} = \frac{|8.87 - 0|}{\sqrt{\dfrac{356.87}{7}}{\sqrt{8}}}$$

$$= \frac{|8.87|}{\sqrt{\dfrac{356.87}{7 \times 8}}} = \frac{|8.87|}{\sqrt{6.37}} = 3.51$$

となる。

　一方，t分布表で自由度＝例数－1＝8－1＝7，有意水準5％のtの値は2.36であるから，

$$|t| > t_7(0.05)$$

となる。

　したがって有意の差があるので仮説は捨てられる。すなわち注射の前と後では差が認められる。これは有意水準を1％にとっても $t_7(0.01) = 3.49$ であるから，$|t| > t_7(0.01)$ となって，有意の差がある。

　そこで結論は，ある血圧上昇剤で血圧があがるということは有意水準1％をもっていうことができるということになる。

例題 2・18 15人に次の献立表をみたときの感じと，喫食したときのうまさを，(1)の尺度と(2)の尺度に従って採点をしてもらった。この成績からイメージと現実とは一致しないといえるか。

ごはん
冷やっこ
ソーセージと玉ねぎのソテー
漬物

(1)の尺度

7	6	5	4	3	2	1
非常においしそうだ	おいしそうだ	割合おいしそうだ	普通だ	割合まずそうだ	まずそうだ	非常にまずそうだ

(2)の尺度

7	6	5	4	3	2	1
非常においしかった	おいしかった	割合おいしかった	普通だった	割合まずかった	まずかった	非常にまずかった

仮説：献立表による感じの採点と，喫食によるうまさの採点とは一致する。

															計
(1) 献立表による採点	5	7	5	6	4	1	5	3	5	4	7	2	5	6	3	
(2) 喫食による採点	3	4	2	2	4	3	3	2	3	2	5	3	4	3	3	
差〔(1)−(2)〕	2	3	3	4	0	−2	2	1	2	2	2	−1	1	3	0	22
差^2	4	9	9	16	0	4	4	1	4	4	4	1	1	9	0	70

これから，

$$差の標本平均 = \frac{22}{15} = 1.46$$

$$偏差平方和 = 70 - \frac{22^2}{15} = 37.73$$

$$|t| = \frac{|1.46 - 0|}{\sqrt{\dfrac{37.73}{14}}/\sqrt{15}} = \frac{|1.46|}{0.42} = 3.47$$

となる。一方、t 分布表で自由度＝14, 有意水準 5％の t の値は 2.14 であるから,

$$|t| > t_{14}(0.05)$$

となる。したがって有意の差があるので仮説は捨てられる。よってイメージと現実とは一致しないといえる。それではどう違うか。差の標本平均は 1.46 であるから，献立表を見た時に感ずる点数のほうが高いことがわかる。このことから献立表ではおいしそうに感じられたが，喫食してみたら案外おいしくなかったといえる。

　この例題で学ぶべきことは，「おいしそうだ」または「おいしかった」という，感覚的な表現を，数値として表すことができるということである。例えば患者の不安についてみると，その程度はいろいろあるが，いま，非常に不安である→非常に安心しているの間を 7 段階にわけると，その程度が 1→7 まで点数化される。これは，定性的な表現の不安の程度を，定量的な数値に変換して示すことである。この方法の有用性については，すでに本書の 3 頁で説明した。

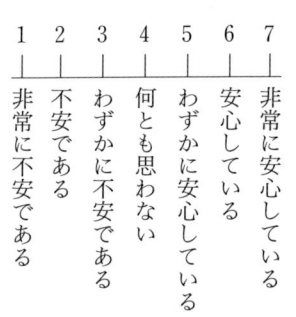

1	2	3	4	5	6	7
非常に不安である	不安である	わずかに不安である	何とも思わない	わずかに安心している	安心している	非常に安心している

注） 例題 2・18 のような，嗜好性の問題は，§3・3 の 2 つの標本百分率の比較の方法中の例題 3・7（91 頁）でも検討できる。これについては，そこで説明する。

練習問題 13 ある有機溶剤取扱工場において，入社時の赤血球数と，入社1年後の赤血球数とを比較したら，次のような値を得た。これから入社1年後に赤血球数が減少したといえるか（単位万）。

	A	B	C	D	E	F	G	H	I	J
入社時	496	496	530	502	487	510	490	497	482	501
1年後	507	400	486	498	430	410	495	460	446	507

[解答]

仮説：入社時と1年後の赤血球数に差がない。

入社時と1年後の差をそれぞれとると，下表のようになる。

	A	B	C	D	E	F	G	H	I	J	計
差	-11	96	44	4	57	100	-5	37	36	-6	352
差^2	121	9216	1936	16	3249	10000	25	1369	1296	36	27264

これから，

$$\text{差の標本平均} = \frac{352}{10} = 35.2$$

$$\text{偏差平方和} = 27264 - \frac{352^2}{10} = 14873.6$$

を得るから，これらを式 (2.3) に代入して，

$$|t| = \frac{|35.2 - 0|}{\sqrt{\frac{14873.6}{10 \times 9}}} = \frac{35.2}{\sqrt{165.26}} = \frac{35.2}{12.8} = 2.75$$

となる。t分布表で自由度 = 9，有意水準5%のtの値は $t_9(0.05) = 2.26$ であるから $|t| > t_9(0.05)$ となり，有意の差がある。よって仮説は捨てられ，入社1年後の赤血球数は少なくなっているといえる。

練習問題 14 喫煙前後の最大呼気流量（PFR）を調べたのが下記の表に示されている。喫煙によってPFRが影響されるか（単位ml）。

	A	B	C	D	E	F	G	H
喫煙前	560	430	520	490	480	500	530	510
喫煙後	520	360	480	500	470	420	490	450

[解答]

仮説：喫煙前後のPFRには差がない。

喫煙前後のPFRの差をそれぞれとると，下表のようになる。

	A	B	C	D	E	F	G	H	計
差	40	70	40	−10	10	80	40	60	330
差^2	1600	4900	1600	100	100	6400	1600	3600	19900

これから，

$$\text{差の標本平均} = \frac{330}{8} = 41.2$$

$$\text{偏差平方和} = 19900 - \frac{330^2}{8} = 6287.5$$

を得るから，これらを式(2.3)に代入して，

$$|t| = \frac{|41.2 - 0|}{\sqrt{\frac{6287.5}{8 \times 7}}} = \frac{41.2}{\sqrt{112.28}} = \frac{41.2}{10.5} = 3.92$$

となる。t分布表で自由度=7，有意水準5％のtの値は$t_7(0.05)=2.36$であるから，$|t|>t_7(0.05)$となり，有意の差がある。よって仮説は捨てられ，喫煙によるPFRの影響が認められる。すなわち喫煙によってPFRが低下したといえる。

3 百分率

　1つの母集団のなかで，ある特定性質をもっているものの**百分率**を**母百分率**という。この母集団より任意に標本をとり出したとき，とり出した標本のなかに，ある特定性質をもっているものの含まれる割合（百分率）を**標本百分率**という。ところで一定数の標本をとり出すことを繰り返したとき，標本百分率の値はいつも同じではなく，一般に0％から100％の間の値をとって分布する（例えば，袋のなかに白玉と赤玉がはいっており，赤玉が20％の割合ではいっていたとする。この袋から玉を100個とり出したとき，そのなかに赤玉の含まれる割合は偶然すべての赤玉で標本百分率100％の場合もあれば，全部白玉で標本百分率0％の場合もある）から，この分布がわかれば，母百分率と標本百分率の関係を調べることができる。すなわち，例数が多いとき（だいたい100例以上）は，標本百分率の分布は，近似的に標本百分率を母平均とし，標本百分率の分散を母分散とする正規分布となり，例数が少ないときはF分布することを利用して，標本百分率より母百分率を推定したり，母百分率と標本百分率の比較や，標本百分率同士の比較などを行うことができる。

　百分率の分散は，次式で求める。

$$\frac{百分率 \times (100 - 百分率)}{例数} \tag{3.1}$$

　したがって百分率の標準偏差は，次式で求められる。

$$\sqrt{\frac{\text{百分率}\times(100-\text{百分率})}{\text{例数}}} \qquad (3.2)$$

注) 2つの集団 (A, B) があるとき,一方の集団の特定性質の百分率に対して次の式で表されるものを見込みという。
　見込み＝百分率/(100－百分率)
この2つの集団における見込み比 (OR：oddratio) と呼ぶ。
　見込み比＝｛Aでの百分率/(100－Aでの百分率)｝/
　　　　　　｛(Bでの百分率/(100－Bでの百分率)｝
この場合,どちらの見込みを分母にもってくるかは任意であるが,より知られている基準と考えられる方を分母に選ぶのが普通である。この見込み比は近似相対危険度とも呼ばれる。

§ 3・1　母百分率の推定

1. 標本の例数の多い場合

例題 3・1　90名の患者にある手術を行ったところ成功したものが81名あった。これより,この手術の成功率の信頼区間を信頼度95％で求めよ。

　母平均の推定と同じ方法 (28頁参照) で行う。すなわち,母平均の推定では標準誤差を求め,信頼度95％ならば1.96, 99％ならば2.58を掛けて得られた値を標本平均に加えた値が信頼区間の上限で,減じた値が下限であった。母百分率の推定も例数の多い場合 (およそ100例以上) は標本百分率の分布が正規分布することを利用する。ただし標準誤差の代わりに標準偏差を用いて母平均の場合と同様に信頼区間を求めるのである。すなわち,信頼度 $1-\alpha$ の母百分率の信頼区間は,信頼度95％ならば,

　　標本百分率－1.96×標本百分率の標準偏差＜母百分率＜標本
　　　百分率＋1.96×標本百分率の標準偏差　　　　　(3.3)

となる。信頼度99％ならば1.96の代わりに2.58を用いて計算する。

　本例では手術の成功率 $\frac{81}{90}\times100=90(\%)$ を式(3.2)に代入して標本百分率の標準偏差 $\sqrt{90\times10\div90}=3.16(\%)$ を得るから,これらを式(3.3)に代入し

て，
$$90 - 1.96 \times 3.16 < 母百分率 < 90 + 1.96 \times 3.16$$
すなわち，
$$83.81 < 母百分率 < 96.19$$
となり，信頼度 95 % の母百分率の信頼区間は，
$$83.81 \% < 母百分率 < 96.19 \%$$
となる。したがって上限は 96.19 %，下限は 83.81 % ということになる。

練習問題 1 長崎県の脳卒中死亡者は 2,845 名で，この死亡率は人口 10 万対 167.6 である。長崎県の脳卒中死亡率の信頼区間を信頼度 95 % で人口 10 万対率で求めよ。

[解答]
　この問題では例数すなわち長崎県の人口がわかっていないのでこれを計算することと，人口 10 万対率になっているので百分率になおして計算し，得られた結果を再び人口 10 万対率になおすという操作が必要である。
　長崎県の人口を X 名とすると，
$$\frac{2.845}{X} \times 100{,}000 = 167.6$$
$$\therefore X = \frac{2845}{167.6} \times 100{,}000 = 1697494$$

また人口 10 万対の死亡率が 167.6 であるから百分率は $167.6 \div 1{,}000 = 0.1676(\%)$ となる。

これらを式(3.2)に代入すると，標本百分率の標準偏差は，
$$\sqrt{\frac{0.1676 \times (100 - 0.1676)}{1697494}}$$
$$= \sqrt{\frac{16.7319}{1697494}} = 0.0031(\%)$$

となるから，これらを式(3.3)に代入して，
$$0.1676 - 1.96 \times 0.0031 < 母百分率 < 0.1676 + 1.96 \times 0.0031$$
$$0.1616 < 母百分率 < 0.1736$$

となり，母百分率の信頼区間は，
$$0.1616 \% < 母百分率 < 0.1736 \%$$

となる。したがって人口 10 万対率における信頼区間は，
$$161.6 < 母 10 万率 < 173.6$$

となり，信頼区間の上限は人口 10 万対 173.6，下限は人口 10 万対 161.6 となる。

2. 標本の例数の少ない場合

例題 3・2　ある手術を 10 人の患者に試みて 9 人成功した。このことからこの手術の成功率の信頼区間を信頼度 95％ で求めよ。

標本百分率の値は例数が少ない場合は F 分布することがわかっているので，これを利用して母百分率の推定を行う。すなわち，信頼度 $1-\alpha$ の母百分率の信頼区間の上限は，有意水準 $\alpha/2$ の F 分布表で，横欄の第 1 自由度 n_1 が，

$$2 \times (標本のなかで特定性質をもつものの例数 + 1)$$

縦欄の第 2 自由度 n_2 が，

$$2 \times (例数 - 標本のなかで特定性質をもつものの例数)$$

である F の値を求め，次の式に代入して得られる。

$$\frac{n_1 \times F の値}{n_2 + n_1 \times F の値} \tag{3.4}$$

下限は，有意水準 $\alpha/2$ の F 分布表で，横欄の第 1 自由度 n_1 が，

$$2 \times (例数 - 標本のなかで特定性質をもつものの例数 + 1)$$

縦欄の第 2 自由度 n_2 が，

$$2 \times (標本のなかで特定性質をもつものの例数)$$

である F の値を求め，次の式に代入して得られる。

$$1 - \frac{n_1 \times F の値}{n_2 + n_1 \times F の値} \tag{3.5}$$

本例題の有意水準 α は，$0.95 = 1 - \alpha$，したがって $\alpha = 0.05$ であるから，F 分布表は有意水準 2.5％ のものを用いる。上限は $n_1 = 2 \times (9+1) = 20$，$n_2 = 2 \times (10-9) = 2$ である F の値が $F_2^{20}(0.025) = 39.4$ であるから，これを式 (3.4)

に代入すると，

$$\frac{20\times 39.4}{2+20\times 39.4}=0.997$$

となる。

また，下限は $n_1=2\times(10-9+1)=4$, $n_2=2\times 9=18$ である F の値が $F_{18}^{4}(0.025)=3.61$ であるから，これを式(3.5)に代入すると，

$$1-\frac{4\times 3.61}{18+4\times 3.61}=0.555$$

となる。したがって信頼度 95％の母百分率の信頼区間は次のようになる。

$$55.5\％＜母百分率＜99.7\％$$

注) 例題 3·1 と例題 3·2 を比較すると，成功率は 90％で等しいが，標本の例数が少ないと母百分率の推定区間の幅が広くなるということがよくわかる。このことから例数は多いほうがよいということができる。

練習問題 2 胃がん患者を新しい方法で手術したところ，22 名中 11 名成功した。この手術成功率の信頼区間を信頼度 95％で求めよ。

[解答]

有意水準 α は，$0.95=1-\alpha$，したがって $\alpha=0.05$ であるから，$\alpha=0.025$ の F 分布表を用いる。上限は，$n_1=2\times(11+1)=24$, $n_2=2\times(22-11)=22$ である F の値が $F_{22}^{24}(0.025)=2.33$ であるから，これを式(3.4)に代入すると，

$$\frac{24\times 2.33}{22+24\times 2.33}=0.717$$

となる。また下限は，$n_1=2\times(22-11+1)=24$, $n_2=2\times 11=22$ である F の値が $F_{22}^{24}(0.025)=2.33$ であるから，これを式(3.5)に代入して，

$$1-\frac{24\times 2.33}{22+24\times 2.33}=0.283$$

となる。したがって信頼度 95％の母百分率の信頼区間は次のようになる。

$$28.3\％＜母百分率＜71.7\％$$

§ 3・2 母百分率と標本百分率の比較

1. 標本の例数の多い場合

例題 3・3 ある町でジフテリア予防接種率を調べたら，該当児 500 名中 450 名が完了していた。同年の全国の接種率は 70 % であった。この町は全国に比べて接種率が高いといえるか。

a) 正規分布による方法

例数が多い場合は標本百分率の分布は正規分布するので，

$$x = \frac{標本百分率 - 母百分率}{母百分率の標準偏差} \tag{3.6}$$

とおくと，x が母平均 0，母分散 1 の正規分布をすることを利用する。ただし，x は絶対値を問題にすればよい。すなわち式(3.6)で計算した $|x|$ が，1.96 より大きければ有意水準 5 %，2.58 より大きければ有意水準 1 %で，有意の差があり，仮説を捨てることができる。

本例題をこの方法で検討しよう。

仮説：ある町のジフテリア予防接種率は全国のそれと等しい。

本例題では全国の接種率は 70 %，ある町の接種率は 90 %，例数は 500 例であるから，全国のそれを母百分率，ある町のそれを標本百分率とし，母百分率の標準偏差は標本の例数を用いて求める。よって

$$|x| = \frac{|90-70|}{\sqrt{\frac{70 \times 30}{500}}} = 9.80 > x(0.01)(=2.58)$$

となる。したがって有意水準 1 %以下で有意の差があるので仮説が捨てられ，この町の接種率は全国に比べて高いといえる。

b) χ^2 検定

実際に観測した値（**実測値**または**観測値**）と，理論的にわかっている値（**理論値**または**期待値**）との違いを調べる場合，

$$\frac{(実測値 - 理論値)^2}{理論値} \text{ の和} \tag{3.7}$$

を求める。これを χ^2（カイ2乗）という。χ^2をもう少しわかりやすく説明しよう。

今，1つの箱のなかに，黒玉と白玉を同数たくさん入れて，十分によくかきまぜておく。このなかから目をつぶって50個の玉を取り出し，白玉と黒玉の数を数える。すると白玉が27個，黒玉が23個あったとする。しかし理論的には25個ずつになるはずであるから，その食い違いの程度を，式 (3.7) を用いて計算すると，

$$\frac{(27-25)^2}{25} + \frac{(23-25)^2}{25} = 0.32$$

となる。

つぎにこの50個の玉を箱のなかにもどして，再びよくかきまぜて50個の玉を取り出し，その実際の数（実測値）と理論的な数（理論値）の食い違い程度を計算する。

この操作を例えば100回繰り返して，得られる食い違いの程度を，分布図に描いてみると，図24のような度数分布図が得られる。図の横軸は食い違いの程度（χ^2の値）を示し，縦軸はその出現回数を表している。

この操作をさらに数多く繰り返し，究極では無限回の操作を行ったと考えると，分布は図中の滑らかな曲線となる。これが χ^2 分布曲線である。

この玉の抽出実験で，玉を50個ずつ取り出す代わりに，80個または30個ずつ取り出して，その食い違いの程度を計算しても，その分布は図24の χ^2 分布と全く同じになる。このことは χ^2 の値が理論値と実測値との食い違いの程度をうまく表現する目安になるということを示している。

この場合の自由度は，玉の種類が2種類であるから，自由度は1となる。玉の種類が黒白赤の3種類であれば自由度は2となる。さらに，玉の割合が同数でなくてもよい。黒白または黒白赤の玉が一定の割合に入っておれば，実際に取り出した数との違いの程度が，黒白の2種類の場合には，図

84　3．百分率

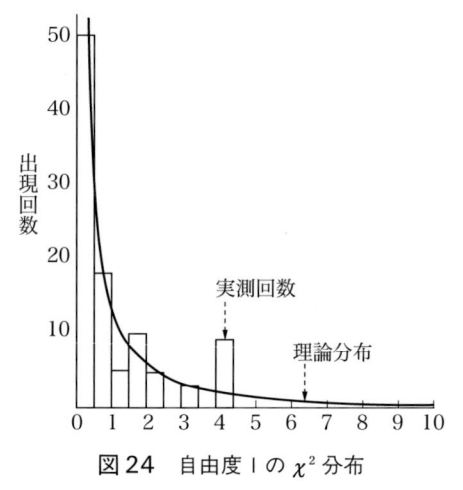

図24　自由度 1 の χ^2 分布

24 の自由度 1 の χ^2 分布に従うのである。

χ^2 分布曲線の山は**図 25-a** に示すように自由度が大きくなるに従って，山がしだいに右方にずれていく。

c）χ^2 分布表の読み方

付表 3（159 頁）は **χ^2 分布表**である。自由度の横行と，有意水準 α の縦列との交わるところの数値が χ^2 の値である。例えば自由度 = 5，有意水準 5 ％（すなわち $\alpha = 0.05$）とすると，χ^2 の値は 11.07 となる。このことは χ^2 の値が 11.07 以上の値をとる確率が 5 ％以下であることを示している（**図 25-b** の斜線の部分）。記号では $\chi^2_5(0.05) = 11.07$ または $\chi^2(5, 0.05) = 11.07$ と書く。また自由度 = 1，有意水準 5 ％の χ^2 の値は 3.84 となり，自由度 = 1，有意水準 1 ％の χ^2 の値は 6.63 となる。

例題 3・3 をこの方法で検定しよう。

仮説：ある町の接種率は全国のそれと等しい。

全国の接種率は 70 ％であるから，該当児 500 名についての接種を受けたものの理論値（期待値）は $500 \times 0.70 = 350$（名）となり，接種を受けなかったものの理論値は $500 \times (1 - 0.70) = 150$（名）または $500 - 350 = 150$（名）となる。これらを次の**表 15** のように整理する。

図 25-a　χ^2 分布　　　　図 25-b　有意水準 5％の χ^2 の値

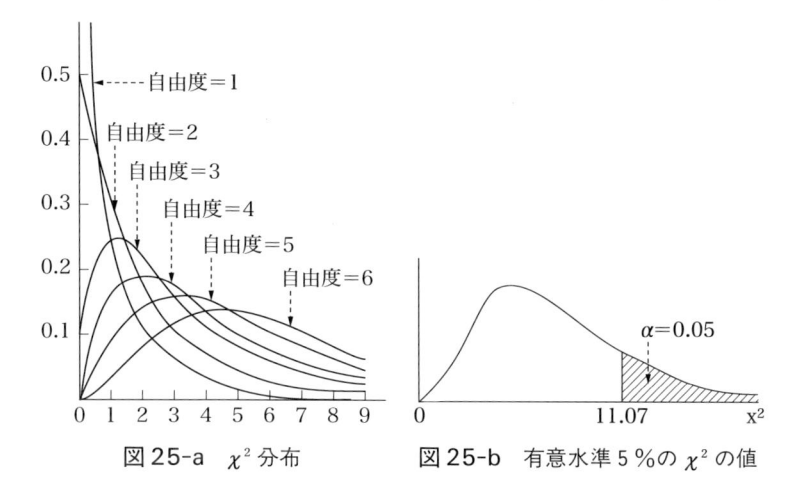

表 15　実測値と理論値

	接種を受けた	受けない	計
ある町(実測値)	450	50	500
理論値	350	150	500
	800	200	1000

この表から χ^2 を計算すると，

$$\chi^2 = \frac{(450-350)^2}{350} + \frac{(50-150)^2}{150} = 95.2$$

となる。ここで自由度は，組の分け方がそれぞれ 2 通りあり，数値の合計が決まっているから，自由に決められるものの数は $(2-1)\times(2-1)=1$ となる。χ^2 分布表で自由度＝1，有意水準 1％の χ^2 の値は $\chi_1^2(0.01)=6.63$ であるから，$\chi^2 > \chi_1^2(0.01)$ となり，有意の差がある。よって接種率は同じであるという仮説が捨てられ，この町の接種率が高いといえる。

注）表 15 のような表を **2×2 分割表**または **4 分表**という。

3. 百分率

練習問題 3 平成11年の統計によると，全国の魚介類および加工品による食中毒の患者数は全食中毒患者中24.1％を占めていた。

同年のA市での同じ原因による食中毒患者数は70名で全食中毒患者数は260名であった。A市の魚介類および加工品による食中毒患者数の割合は全国に比べて高いといえるか。

[解答]

(1) 正規分布による方法

仮説：全国の比率とA市のそれは等しい。

全国の比率は24.1％，A市の比率は$\frac{70}{260}\times 100=26.9(\%)$で例数260であるから，式(3.6)より，

$$|x|=\frac{|24.1-26.9|}{\sqrt{\frac{24.1\times 75.9}{260}}}$$
$$=\frac{|-2.8|}{\sqrt{7.03}}$$
$$=\frac{2.8}{2.65}=1.06$$

となる。したがって有意の差がない。よって仮説のとおり，A市の魚介類および加工品による食中毒患者の割合は，全国のそれと等しいといえる。

(2) χ^2検定

仮説：全国の比率とA市のそれと等しい。

全国の比率は24.1％であるから，魚介類および加工品による食中毒患者の理論値は$260\times 0.241=62.6$(名)で，その他の食中毒患者の理論値は$260-62.6=197.4$(名)となる。したがって式(3.7)より，

$$\chi^2=\frac{(70-62.6)^2}{62.6}+\frac{(190-197.4)^2}{197.4}$$
$$=1.15$$

となる。したがって有意の差がないので仮説のとおり，A市の魚介類および加工品による食中毒患者の割合は全国のそれに等しいといえる。

練習問題 4 全国調査で高血圧と判定されたものは40歳代では14％であった。A町の健康診断で40歳代の受診者515名中高血圧と判定されたものは65名であった。全国と同じ傾向といえるか。

[解答]
(1) 正規分布による方法
仮説：全国の比率とA町のそれとは等しい。

全国の比率は 14 %，A町の比率は $\frac{65}{515}\times 100=12.6(\%)$，例数 515 名であるから，式(3.6)より，

$$|x|=\frac{|14-12.6|}{\sqrt{\dfrac{14\times 86}{515}}}$$

$$=\frac{1.4}{\sqrt{2.33}}$$

$$=\frac{1.4}{1.5}=0.93<x(0.05)(=1.96)$$

となる。したがって有意の差がないので，全国と同じであるという仮説を捨てることができない。

(2) χ^2 検定
仮説：全国の比率とA町のそれとは等しい。

母百分率 14 % であるから，A町の 40 歳代の高血圧者の理論値は $515\times 0.14=72.1$ (名)，健常者は $515-72.1=442.9$ (名) となる。したがって式(3.7)より，

$$\chi^2=\frac{(65-72.1)^2}{72.1}+\frac{(450-442.9)^2}{442.9}$$

$$=0.6+0.1=0.7<\chi_1^2(0.05)=3.84$$

となる。したがって有意の差がないので，仮説を捨てることができない。

2. 標本の例数の少ない場合

例題 3・4　初産婦 20 名について子どもの性別を調べたところ，男 11 名，女 9 名であった。

このことは男女半々に生まれるという仮説に一致するか。

この検定には，自由度 n_1 が，

　　$2\times$(例数－標本のなかで特定性質をもつものの例数＋1)

自由度 n_2 が，

　　$2\times$(標本のなかで特定性質をもつものの例数)

であるとき，

$$F = \frac{n_2(100-母百分率)}{n_1 \times 母百分率} \tag{3.8}$$

が自由度 n_1, n_2 の F 分布をすることを利用する。

すなわち F 分布表から，自由度 n_1 が，

$2\times(例数-標本のなかで特定性質をもつものの例数+1)$

自由度 n_2 が，

$2\times(標本のなかで特定性質をもつものの例数)$

で有意水準が $\frac{\alpha}{2}$ と $1-\frac{\alpha}{2}$ のときの F の値をそれぞれ求め，標本から式(3.8)によって計算した F の値が，

$$0 < F < F^{n_1}_{n_2}\left(1-\frac{\alpha}{2}\right) \text{か，または } F^{n_1}_{n_2}\left(\frac{\alpha}{2}\right) < F$$

の範囲内であったとき(図26)，有意水準 α で仮説を捨てる。ここで $F^{n_1}_{n_2}\left(1-\frac{\alpha}{2}\right)$ を求めるには，

$$F^{n_1}_{n_2}\left(1-\frac{\alpha}{2}\right) = \frac{1}{F^{n_2}_{n_1}\left(\frac{\alpha}{2}\right)}$$

の性質を利用する。すなわち，$F^{20}_{22}(1-0.025)$ を求めるには，線型補間法を用いて $F^{22}_{20}(0.025)=2.43$ を求め〔この場合自由度 $n_1=22$ は付表 4 の F 分布表にないので線型補間法(59頁の練習問題 12 を参照)を用いて計算する〕，この逆数 $\frac{1}{2.43}=0.41$ とすればよい。

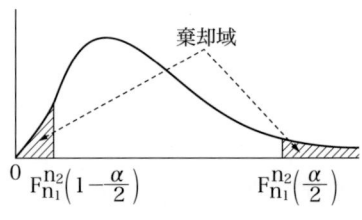

図26 棄却域

仮説：男女は半々に生まれる。

標本のFの値は $n_1=2\times(20-11+1)=20$, $n_2=2\times11=22$ で，母百分率 50％であるから，式(3.8)より，

$$F=\frac{22\times(100-50)}{20\times50}=1.1$$

となる。そこで有意水準を 5％とすると $\frac{\alpha}{2}=2.5$％となり，$F^{20}_{22}(0.025)=2.389$, $F^{20}_{22}(1-0.025)=0.411$ となるから，$0<F<0.411$ か，または $2.389<F$ のときには仮説が捨てられる。ところが標本から計算したFは 1.1 でこの範囲にはいらないから，有意水準 5％では有意の差がなく仮説は棄却できない。つまり男女半々に生まれるという仮説を否定することはできない。

練習問題 5 全国の心疾患による死亡数の中で虚血性心疾患の占める割合は 44％である。A村における心疾患の死亡数 41 名中虚血性疾患によるものは 12 名であった。虚血性疾患の死亡割合は全国とA村は等しいといえるか。

[解答]

仮説：虚血性心疾患の死亡割合は等しい。

標本のFの値は $n_1=2\times(41-12+1)=60$, $n_2=2\times12=24$ で，母百分率 44％であるから，式(3.8)より，

$$F=\frac{24\times(100-44)}{60\times44}=\frac{1344}{2640}=0.50$$

となる。そこで有意水準を 5％とすると，$\frac{\alpha}{2}=2.5$％となる。有意水準 2.5％のF分布表より，$n_1=60$, $n_2=24$ の $\frac{\alpha}{2}$ のFの値 2.08 が得られる。また $F^{24}_{60}(0.025)=1.88$ であるから，$F^{60}_{24}\left(1-\frac{\alpha}{2}\right)$ のFの値は $\frac{1}{1.88}=0.53$ である。したがって有意水準 5％の棄却域は $0.53>F>0$ か，または $2.08<F$ となる。標本から計算したFの値は 0.50 で $0.53>F>0$ の範囲にはいるから，有意水準 5％で有意の差があり，虚血性心疾患の死亡割合が等しいという仮説が棄却される。したがってA村の虚血性心疾患の死亡割合は $\frac{12}{41}=29.2(\%)$ であるから全国の死亡割合より低いといえる。

§ 3・3 2つの標本百分率の比較

1. 標本の例数の多い場合
a) 正規分布による方法

例題 3・5　年齢によって，めん類の好みに相違があるかどうかを調査したところ，40歳代では，100名中めん類の好きな者40名，20歳代では200名中50名であった。年齢により，めん類の好みに差があるか。

A，B 2つの集団についてある特定性質をもつものの百分率を比較する場合，例数が多いときは，

$$x = \frac{A の標本百分率 - B の標本百分率}{\sqrt{\left(\dfrac{1}{A の例数} + \dfrac{1}{B の例数}\right) \times 母百分率 \times (100 - 母百分率)}} \tag{3.9}$$

が，近似的に母平均 0，母分散 1 の正規分布することを利用して比率の差を検定する。この場合比率の差は，絶対値で考えればよいから，式(3.9)で計算した値を $|x|$ として検定する。すなわち，$|x|$ の値が 1.96 より大きければ有意水準 5％で，2.58 より大きければ有意水準 1％で有意の差を示し，仮説を棄却する。ここで母百分率はわからないので，その**推定値**として，

$$\frac{A の特定性質をもつものの例数 + B の特定性質をもつものの例数}{A の例数 + B の例数} \times 100 \tag{3.10}$$

で得られる値をその代用として用いる。

本例題を解こう。

仮説：年齢によってめん類の好みに相違がない。

すなわちめん類の好きなものの割合は，40歳代の対象となった100名の者と同条件の母集団と，20歳代の対象となった200名の者と同条件の母集団とは等しい，と仮定するのである。

母百分率は式(3.10)より，

$$\frac{40+50}{100+200} \times 100 = 30.0(\%)$$

であるから，式(3.9)より，

$$|x| = \frac{|40-25|}{\sqrt{\left(\frac{1}{100}+\frac{1}{200}\right) \times 30.0 \times (100.0-30.0)}} = 2.67$$

となる。この値は2.58より大きいから，有意水準1％で好みに有意の差が認められる。すなわち40歳のもののほうが20歳のものよりめん類の好きなものの割合が多い。

b) χ^2 検定

A，B 2つの標本において，特定性質をもつものがA標本でa例，B標本でb例あり，特定性質のないものがA標本c例，B標本d例であったとする。これを2×2分割表にまとめると**表16**となる。これからχ^2の値を，

$$\chi^2 = \frac{(ad-bc)^2(a+b+c+d)}{(a+b)(c+d)(a+c)(b+d)} \tag{3.11}$$

表16 2×2分割表

	特定性質あり	特定性質なし	計
A	a	c	a+c
B	b	d	b+d
計	a+b	c+d	a+b+c+d

表17 例題3・5の2×2分割表

	めん類が好きな者	そうでない者	計
40歳	40	60	100
20歳	50	150	200
計	90	210	300

で求めることができる。この χ^2 値の有意差の判定方法は，自由度を1として χ^2 分布表を用いて検定すればよい。

先の例題をこの方法で検定してみよう。

仮説：年齢によってめん類の好みに相違がない。

まず 2×2 分割表をつくり（**表17**），これを式(3.11)で計算すると，

$$\chi^2 = \frac{(40\times150-60\times50)^2\times300}{90\times210\times100\times200} = 7.14$$

となる。この値は自由度＝1，有意水準1％の χ^2 の値，$\chi_1^2(0.01)=6.63$ より大きいから，有意水準1％で好みに有意の差が認められる。

練習問題 6 Y校において昭和17年と昭和32年に女子の初潮の調査を行った結果によれば，昭和17年では470名中225名が14歳以前に初潮があった。昭和32年の調査では470名中14歳以前に初潮があったもの410名で15歳以上であったものは60名であった。14歳以前に初潮があるものの頻度に差が認められるか。

［解答］

(1) 正規分布による方法

仮説：昭和17年と昭和32年とでは頻度に差がない。

14歳以前の初潮率は，昭和17年は $\frac{225}{470}\times100=47.8(\%)$，昭和32年は $\frac{410}{470}\times100=87.2(\%)$，母百分率は式(3.10)より $\frac{225+410}{470+470}\times100=67.5(\%)$ であるから，これらを式(3.9)に代入して，

$$|x| = \frac{|47.8-87.2|}{\sqrt{\left(\frac{1}{470}+\frac{1}{470}\right)\times67.5\times32.5}}$$

$$= \frac{39.4}{\sqrt{9.33}} = \frac{39.4}{3.0} = 13.1$$

となる。この値は 2.58 より大きいから，有意水準1％で有意の差がある。よって年度による差が認められる。すなわち，昭和32年の14歳以前の初潮率は，昭和17年のそれに比べて有意に高い。

(2) χ^2 検定

仮説：正規分布による方法の場合と同じ。

昭和17年では14歳以前に初潮のあったものは225名，以後は245名，

昭和32年では14歳以前410名, 以後60名であるから式(3.11)より,

$$\chi^2 = \frac{(225 \times 60 - 245 \times 410)^2 \times 940}{635 \times 305 \times 470 \times 470} = 166.1$$

となり, $\chi_1^2(0.01) = 6.63$ より大きいから, 有意水準1％で有意の差がある。よって年度による差が認められる。

練習問題 7 胃がん患者と健康者それぞれ300名について牛乳のとり方を比較したところ, 1日180ml以上とっているものは胃がん患者で64名, 健康者で141名であった。健康者と胃がん患者とは牛乳のとり方に差異が認められるか。

[解答]
(1) 正規分布による方法
仮説：牛乳のとり方に違いがない。

胃がん患者で牛乳180ml以上とるものの率は, $\frac{64}{300} \times 100 = 21.3(\%)$, 健康者では $\frac{141}{300} \times 100 = 47.0(\%)$, 母百分率は式(3.10)より $\frac{64+141}{300+300} \times 100 = 34.1(\%)$ であるから, これらを式(3.9)に代入して,

$$|x| = \frac{|21.3 - 47.0|}{\sqrt{\left(\frac{1}{300} + \frac{1}{300}\right) \times 34.1 \times 65.9}}$$

$$= \frac{25.7}{\sqrt{14.98}} = \frac{25.7}{3.8} = 6.7$$

となる。この値は2.58より大きいから, 有意水準1％で有意の差がある。よって健康者と胃がん患者とは牛乳のとり方に差異が認められ, 牛乳を1日180ml以上とるものの割合は健康者のほうが多いといえる。

(2) χ^2検定
仮説：正規分布による方法の場合と同じ。

牛乳を1日180ml以上とるものは, 健康者で141名, 胃がん患者で64名, 180ml以下のものは, 健康者で159名, 胃がん患者で236名であるから, 式(3.11)より,

$$\chi^2 = \frac{(236 \times 141 - 64 \times 159)^2 \times 600}{395 \times 205 \times 300 \times 300} = 43.9$$

となり, $\chi_1^2(0.01) = 6.63$ より大きいから, 有意水準1％で有意の差がある。よって牛乳のとり方に差が認められる。

2. 標本の例数の少ない場合

a) 対応のない場合

例数が 50 以下になると，2×2 分割表のなかの例数が 5 以下となることがある。このようなときは式(3.11)で求めた χ^2 の値では正しく評価できなくなるので，式(3.11)の分子の(　)^2 の値に $\frac{1}{2}(a+b+c+d)$ を加えるか減ずるかして，(　)^2 内の値が小さくなるように修正して χ^2 の値が正しい値に近づくようにする。すなわち，

$$\chi^2 = \frac{\left\{(ad-bc) \pm \frac{1}{2}(a+b+c+d)\right\}^2 (a+b+c+d)}{(a+b)(c+d)(a+c)(b+d)} \quad (3.12)$$

で χ^2 の値を求める。この修正は，$ad-bc$ が正数のときは $\frac{1}{2}(a+b+c+d)$ を引き，負数のときは $\frac{1}{2}(a+b+c+d)$ を加えるということである。この修正を**イェーツ(Yates)の修正**という。修正を行わないときは有意であっても，修正を行うと有意でなくなる場合がある。このときは修正を行ったほうが正しいのである。

「対応のない場合」と「対応のある場合」の意味の違いについては 49 頁を参照されたい。

例題 3・6　前例題 3・5 の例数を $\frac{1}{10}$ にしたとき，両者の間に差があるかどうか検定せよ。

表 18　例題 3・6 の 2×2 分割表

	好き	そうでない	計
40 歳	4	6	10
20 歳	5	15	20
計	9	21	30

仮説：年齢による差異がない。

まず2×2分割表をつくると，**表18**となる。これを式(3.12)に代入してχ^2を計算すると，

$$\chi^2 = \frac{\left(4\times 15 - 6\times 5 - \frac{30}{2}\right)^2 \times 30}{9\times 21\times 20\times 10} = 0.17$$

となり，これは有意水準5％で自由度1のχ^2の値，$\chi_1^2(0.05)=3.84$より小さいから，有意の差がない。よって仮説を棄却することはできない。すなわち，これだけのデータでは，40歳と20歳とでめん類の嗜好性に差があるとはいえない。

百分率が等しくても，例数によって有意差を示したり，示さなかったりすることは上の例題で明らかである。したがってなるべく例数を多くして検定したほうが計算はやっかいになるが，検定の精度がよくなる。いいかえれば有意差を示しやすくなる。

2つの標本百分率の比較において，最も正確な計算法は，**R.A. Fisherの直接確率計算法**である。この方法は例数が多くても少なくても使えるが，例数が多くなると，計算が大変面倒になるので，一般には2×2分割表のなかの例数が5以下のときに，正確な計算を行いたいと考えた場合にのみ用いる。その計算方法は，

$$P = \frac{(a+b)!\,(c+d)!\,(a+c)!\,(b+d)!}{(a+b+c+d)!\,a!\,b!\,c!\,d!} \qquad (3.12')$$

である。すなわち，2×2分割表で，周辺例数 a+b，c+d，a+c，b+d を一定にしておいた場合，偶然 a，b，c，d という度数分布を得る確率（P）は式(3.12′)で計算できるのである。そして得られた確率が，5％より小さいときには，$\frac{a}{a+c}$ と $\frac{b}{b+d}$ は等しくない，有意差ありと判定する。

実際の計算では，現実に得られた度数分布よりもっと偏った度数分布を得る確率を計算し，これを加えたものが5％より小さい時に有意差ありと判定する。例題3・6を用いて検定しよう。

96　3. 百分率

(1) 原度数表のパターン

	好き	そうでない	計
40 歳	4	6	10
20 歳	5	15	20
縦計	9	21	30

(2) 期待度数表を作成する

	好き	そうでない	計
40 歳	3	7	10
20 歳	6	14	20
縦計	9	21	30

(3) 原度数表と期待度数表の各度数の差の符号を表に配置する。

	好き	そうでない
40 歳	＋	－
20 歳	－	＋

　(4) (3)で得られた符号にしたがって，原度数に対して期待度数から離れる方向で度数表（2×2 分割表）を求める。
　具体的には，周辺度数を固定したまま，原度数表と期待度数表の各度数の差がさらに大きくなるように各内部度数から 1 ずつ増減した 2×2 分割表を作成する。

5(=4+1)	5(=6−1)
4(=5−1)	16(=15+1)

→

5	5
4	16

　さらに，4 つの内部度数のうち，いずれか 1 つの度数が 0 となるまで同じ操作を繰り返して，2×2 分割表を作成する。
　その結果，本例題では，6 組（原度数表を含む）の 2×2 分割表が得られる。

4	6
5	15

5	5
4	16

6	4
3	17

7	3
2	18

8	2
1	19

9	1
0	20

　これらの 6 組のそれぞれの確率を，95 頁の公式 (3.12') にしたがって計算し，合計する。
　それぞれの確率は 0.2275673, 0.0853378, 0.0167329, 0.0015936, 0.0000629, 0.0000007 となりこれらを合計した結果，片側確率は 0.3312952 が得られる。
　この値は，有意差の有無を判定する 5 ％よりも大きい。よって有意差なしと判定する（この場合の P 値は片側検定の方法<43 頁>で判定する）。
　以上の計算からわかるように，直接確率計算法は，確かに正確な計算方法はあるが，計算が厄介なので，一般にはイェーツの修正による方法で計算を行う。

b）対応のある場合

例題 3・7　73頁の例題2・18を2つの標本百分率の比較の方法で検定しよう。

献立表による採点	5	7	5	6	4	1	5	3	5	4	7	2	5	6	3
喫食による採点	3	4	2	2	4	3	3	2	3	2	5	3	4	3	3

　本例題は，前述の2つの標本百分率の比較の方法では検定できない。なぜならば本例題の2つの標本百分率は，同一の対象から求めているからである。このような場合は**対応のある2つの標本百分率**といい，**マクニマー(McNemar)検定法**を用いる。同様な例として，時間の経過またはある処置の前後における反応の現れ方の違いを検討する場合などがある。

　対応のある2つの標本百分率を比較するには，2×2分割表を次のようにつくる。この表の中で問題になる数値はiとjである。なぜならば，hとkは処置前後に反応に変化がみられなかったからである。そこでiとjについて検討すればよい。すなわち

$$\chi^2 = \frac{(i-j)^2}{i+j} \tag{3.11′}$$

でχ^2を求め，自由度を1としてχ^2分布表を用いて検定する。

　i+jが40未満の場合は次の式を用いる。

$$\chi^2 = \frac{(|i-j|-1)^2}{i+j} \tag{3.12′}$$

本例題を検定しよう。

　仮説：献立表による感じの採点と，喫食によるうまさの採点とは一致する。

　本例題では，採点が献立表でも喫食でも7階級に分かれているので，3以下と4以上の2階級に単純化して分割表にまとめた。

処置前\処置後	+	−	計
+	h	i	h+i
−	j	k	j+k
計	h+i	i+k	h+i+j+k

献立表\喫食	3 以下	4 以上	計
3 以下	4	7	11
4 以上	0	4	4
計	4	11	15

また i+j=7<40 であるので，(3.12′) の式を用いて計算する．

$$\chi^2 = \frac{(|7-0|-1)^2}{7+0} = \frac{36}{7} = 5.14 > \chi_1^2(0.05) = 3.84$$

となり，有意水準 5％で有意の差がある．

練習問題 8 ある小学校で蟯虫卵保有率を調べたら，男児では 35 名中 11 名が保有しており，女児では 34 名中 4 名が保有していた．男女差が認められるか．

[解答]
仮説：蟯虫卵保有率に男女差はない．
蟯虫卵保有者は男女合わせて 15 名, 保有しない者は男女合わせて 54 名，総計 69 名であるから，これらを式(3.12)に代入して，

$$\chi^2 = \frac{\left(11 \times 30 - 24 \times 4 - \frac{69}{2}\right)^2 \times 69}{35 \times 34 \times 15 \times 54}$$
$$= 2.84 < \chi_1^2(0.05) = 3.84$$

となり，有意水準 5％では有意の差がない．よって仮説を捨てることができない．すなわち，蟯虫卵保有率に男女差がない．

§3・4 いくつかの標本百分率の比較（どちらかの組み分けが2つの場合）

例題 3・8 鉤虫卵の寄生率が地区により異なるかどうかをみようとして，工業地区・商業地区・住宅地区・農村地区の代表的な1つの小学校を選び，

表19 鉤虫卵の寄生率

	工業	商業	住宅	農村	計
陽性	18 (1.5%)	7 (0.7%)	7 (0.4%)	14 (2.0%)	46
陰性	1182	893	1493	686	4254
計	1200	900	1500	700	4300

表20 いくつかの標本百分率の比較表

標本	A	B	C	………	H	計
特定性質をもつものの例数	X_A	X_B	X_C	………	X_H	各標本中の特定性質をもつものの例数の合計=N_1
そうでないものの例数	Y_A	Y_B	Y_C	………	Y_H	各標本中のそうでないものの例数の合計=N_2
計	N_A	N_B	N_C	………	N_H	各標本の例数の総和=N

その児童について検査を行った成績は，**表19**のようであった。鉤虫卵の陽性率は地区によって違いがあるだろうか。

A，B，C，……Hといういくつかのデータの百分率を比較するには，**表20**に示すように，全データの中の特定性質を持のものの例数をN_1，全データの中のそうでないものの例数をN_2，全データの例数をNで示すと，χ^2の値は次の式で求めることができる。

$$\chi^2 = \frac{N^2}{N_1 \times N_2}\left(\frac{(\text{データAの特定性質をもつものの例数})^2}{\text{データAの例数}} + \cdots\right.$$

$$\left. \cdots + \frac{(\text{データHの特定性質をもつものの例数})^2}{\text{データHの例数}} - \frac{N_1^2}{N}\right) \quad (3.13)$$

したがって有意水準5％で，自由度＝(2×1)×(データの数－1)＝データの数－1，のχ^2の値をχ^2分布表で読み，式から求めたχ^2の値がこれより大きい時には，有意水準5％で有意となる。

表20において，各データの特定性質を持つものの例数およびそうでないものの例数の中で5以下の数値があるときは，6以上になるようにデータ

の例数を増してから検定を行うか,他のデータと一緒にして6以上に大きくしてから検定を行うのがよい。

本例題を検定しよう。

仮説:鉤虫卵の寄生率は地区によって差がない。

表19の値を式(3.13)に代入すると,

$$\chi^2 = \frac{4300^2}{46 \times 4254} \left(\frac{18^2}{1200} + \frac{7^2}{900} + \frac{7^2}{1500} + \frac{14^2}{700} - \frac{46^2}{4300} \right) = 13.6$$

となる。標本数が4であるから自由度は$4-1=3$となり,有意水準5%のχ^2の値は$\chi_3^2(0.05)=7.81$である。計算して得られたχ^2の値は13.6で7.81より大きいから,有意水準5%で仮説は棄却される。しかし,この結果では地区により鉤虫卵陽性率に差があるということしかわからない。したがってどの地区が最も陽性率が高く,どこが最も低いかということを分析する必要がある。それには,2地区のすべての組み合わせを作り,これについてχ^2検定を行うのである。いま4地区を陽性率の高い順に並べると,

　　　農業地区,工業地区,商業地区,住宅地区

となる。これについて2地区の組み合わせをつくると,(農・工),(工・商),(商・住),(農・商),(農・住),(工・住)の6通りとなる。これらのχ^2検定を行うと,次のようになる。

(農・工)については**表 21-a**の2×2分割表となり,$\chi^2=0.6$で有意差を示さない。

(工・商)については**表 21-b**の2×2分割表となり,

$$\chi^2 = \frac{(18 \times 893 - 7 \times 1182)^2 \times 2100}{1200 \times 900 \times 2075 \times 25} = 2.2$$

で有意差を示さない。

(商・住)については**表 21-c**の2×2分割表で,$\chi^2=0.9$で有意差を示さない。

(農・商)については**表 21-d**の2×2分割表となり,

表21-a 農業地区と工業地区の比較

	工業	農業	計
陽性	18	14	32
陰性	1,182	686	1,868
計	1,200	700	1,900

表21-b 工業地区と商業地区の比較

	工業	商業	計
陽性	18	7	25
陰性	1,182	893	2,075
計	1,200	900	2,100

表21-c 商業地区と住宅地区の比較

	商業	住宅	計
陽性	7	7	14
陰性	893	1,493	2,386
計	900	1,500	2,400

表21-d 農業地区と商業地区の比較

	農業	商業	計
陽性	14	7	21
陰性	686	893	1,579
計	700	900	1,600

表21-e 農業地区と住宅地区の比較

	農業	住宅	計
陽性	14	7	21
陰性	686	1,493	2,179
計	700	1,500	2,200

表21-f 工業地区と住宅地区の比較

	工業	住宅	計
陽性	18	7	25
陰性	1,182	1,493	2,675
計	1,200	1,500	2,700

$$\chi^2 = \frac{(14 \times 893 - 7 \times 686)^2 \times 1600}{700 \times 900 \times 1579 \times 21} = 4.5$$

で，有意水準5％で有意差を示す．

(農・住)については**表21-e**の2×2分割表となり，

$$\chi^2 = \frac{(14 \times 1493 - 7 \times 686)^2 \times 2200}{700 \times 1500 \times 2179 \times 21} = 11.8$$

で，有意水準0.5％で有意差を示す．

(工・住)については**表21-f**の2×2分割表となり，

$$\chi^2 = \frac{(18 \times 1493 - 7 \times 1182)^2 \times 2700}{1200 \times 1500 \times 2675 \times 25} = 7.7$$

で，有意水準1％で有意差を示す．

表22　4地区間の比較検定の結果

	農業	工業	商業	住宅
陽性率(%)	2.0	1.5	0.7	0.4

（農・工）なし，（工・商）なし，（商・住）なし
（農～商）5％
（工～住）0.5％
（農～住）1％

　これらをまとめると表22となる。この表から陽性率は農業地区が最も高く，住宅地区が最も低いことがわかる。そして（工・商）は有意差を示さないが，$\chi^2=2.2$ で，他の有意差を示さない（農・工）の $\chi^2=0.6$，（商・住）の $\chi^2=0.9$ に比べると χ^2 の値が最も高い。さらにそれぞれの2地区の陽性率をみると，（農・工）＝（2.0・1.5），（工・商）＝（1.5・0.7），（商・住）＝（0.7・0.4）で，工業地区は商業地区の2.0倍の陽性率を示し，両者の差が最も大きい。以上の成績から，統計学的には（工・商）は有意差を示さないが両者間に差異があると考えてよい。したがって4地区間の陽性率は，

　　農業地区と工業地区のグループ＞商業地区と住宅地区のグループ

の2グループに分けられる。

例題 3・9　某会社における社員の勤務形態別の朝食の摂取状況をみたら，表23に示す成績となった。勤務形態による朝食の摂取状況の差異が認められるか。

　仮説：社員の朝食の摂取状況は，勤務形態に左右されない。

　表23の（食べる）の行の値を式(3.13)に代入すると，

$$\chi^2 = \frac{78^2}{56 \times 22}\left(\frac{19^2}{26}+\frac{11^2}{20}+\frac{26^2}{32}-\frac{56^2}{78}\right)$$
$$= 4.2$$

となる。自由度＝3－1＝2であるから $\chi^2_2(0.05)=5.99$ となり，$\chi^2=4.2<$

表 23 勤務形態別の朝食の摂取状況

	日 勤	夜 勤	宿 直	計
食 べ る	19 (73.0%)	11 (55.0%)	26 (81.2%)	56
食べない	7	9	6	22
計	26	20	32	78

$\chi_2^2(0.05)=5.99$ であるから仮説は捨てられない。

いま，式(3.13)に代入する値について考えてみると，前述の計算は（食べる）の行の値を用いたが，（食べない）の行の値を用いて計算を行ってもよい。すなわち，

$$\chi^2 = \frac{78^2}{56 \times 22}\left(\frac{7^2}{26}+\frac{9^2}{20}+\frac{6^2}{32}-\frac{22^2}{78}\right)$$
$$= 4.2$$

となり，（食べる）の行の値を用いて計算した場合と χ^2 は等しくなる（これは理論的に考えれば当然なことである）。したがって，実際に式(3.13)を用いて計算する場合は，2つの行の値のなかで，簡便に計算できるほうの値を用いて計算すればよい。

4 相関関係

§ 4・1 相関

　一般に親が頭がよいときには，その子供も頭がよいといわれている。いま 50 名の父親について，中学 1 年のときの国語の成績を調べ，それぞれの親の子供について同じく中学 1 年のときの国語の成績を調べて，親の成績と子供の成績との間にある関係がみいだされたときには，親と子供の成績の間には**相関**または**相関関係**があるという。

　これをもう少し厳密にいうと，1 組の値があって，一方の値が変わるにつれて，他方の値も変わるという場合，たとえば身長が 1.1 倍，1.2 倍，1.3 倍……と変われば，体重も 1.1 倍，1.2 倍，1.3 倍……と変わるというような関係があれば，身重と体重間に相関または相関関係があるといい，これをグラフ用紙の横軸に身長，他方の縦軸に体重をとって，図を描けば図 27-a のように直線になる。

　しかし身長と体重との関係が先に述べた関係ほどはっきりはしていないが，かなり関連がみられるときは，図 27-b のように楕円となる。もし身長と体重との間に何の関係もなければ，図 27-c のようになる。また身長が高くなればなるほど体重が軽くなる傾向があるとすると，図 27-d のような楕円となる。この関係がもっと進んで，身長が 1 のときは体重が 12，身長が 2 になると体重は 6，身長が 3 になると体重は 4 というように，全く逆の関係を示すときは，図 27-e のような直線となる。ここにあげた例は，その

図27　種々な散布図

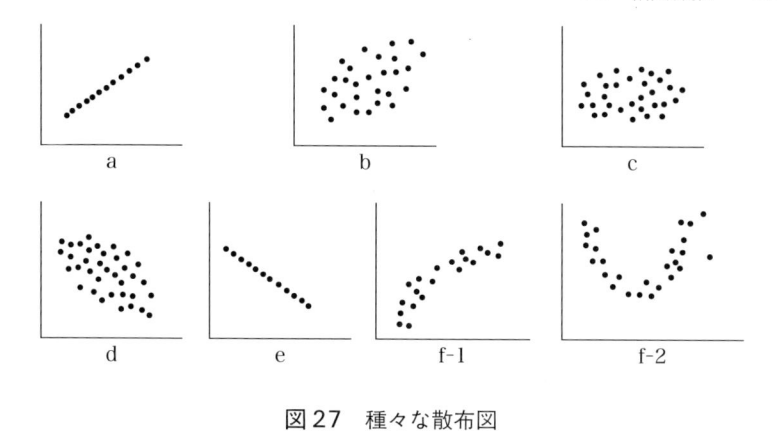

　相関の程度が直線か，または直線に近い形をしている（図27-cは除く）ので，これらを**直線型相関**といい，直線状をしていないものを**非線型相関**という（図27-f）。

　ここで扱う相関は，すべて直線型相関のみであって，次に出てくる**相関係数**も，直線型相関をする場合にのみ計算を行うことができる。

　図27-a，図27-eのように一直線になるものを完全な相関といい，図27-b，図27-dのように楕円になるものを不完全な相関という。

§ 4・2　相関係数

　相関の程度を表すのには相関係数または**順位相関係数**を用いる。完全な相関があるときには，相関係数＝1となる。図27-aのような場合は，相関係数＝＋1，図27-eのような場合は，相関係数＝－1となる。図27-cのように相関がないときは，相関係数＝0となる。図27-bの相関係数は＋1と0との間の数値をとり，図27-dの相関係数は－1と0との間の数値をとる。相関係数が＋1～0の間にあるものを**正の相関**または**順相関**，－1～0にあるものを**負の相関**または**逆相関**という。要するに相関係数は＋1から－1の間にある。

1. 相関係数の解釈

相関係数は，2組のデータの関係する程度を数量的に示したものである。ここで注意しなければならないのは，医学の研究などにおいて，病気の原因を検討する方法として考えられる要因とその病気による罹患数（または死亡数）の間における相関関係の有無がよく検討されるが，高い相関係数を示したからといって，その要因をある病気の原因と速断することは慎重でなければいけないということである。たとえば全国46都道府県の脳卒中による死亡率と，米飯の摂取量との相関関係をみたところ，高い相関係数が出たとする。これから直ちに米飯を多くとることが脳卒中の大きな原因であると速断してはいけない。というのは米飯を多く摂取するという形で現れているその奥に，さらに重要な因子がかくされていることが多いからである。

つぎに相関関係に似たものに因果関係がある。相関関係とは変わるAとBの値の間の関連性の有無をみるものである。因果関係とは原因Mによって結果Nを生じ，またNの原因はMのみであるという，M⇄Nの関係が明らかな場合をいうのである。この両者の差異を十分に理解する必要がある。

2. 相関係数の計算

相関係数の計算は2組のデータがいずれも正規分布をするという前提で，次の式で計算する。

$$相関係数 = \frac{XYの平均 - (Xの平均) \times (Yの平均)}{\sqrt{[X^2の平均 - (Xの平均)^2] \times [Y^2の平均 - (Yの平均)^2]}} \tag{4.1}$$

例題 4・1 某市10区の脳卒中の訂正死亡率と食塩販売量は**表24**のとおりである。年齢調整死亡率（人口10万人に対してX人）と食塩販売量（1人あたり60g単位でY）の間の相関係数を求めよ。

まず，年齢調整死亡率と食塩販売量との間に関連があるかどうかをみる

表24 某市10区の脳卒中年齢調整死亡率と食塩販売量

	A	B	C	D	E	G	H	H	I	J
調整死亡率 (X)	164.4	139.1	162.3	197.9	137.3	166.4	138.4	140.2	220.5	142.7
食塩販売量 (Y)	0.058	0.093	0.145	0.194	0.130	0.141	0.101	0.109	0.156	0.049

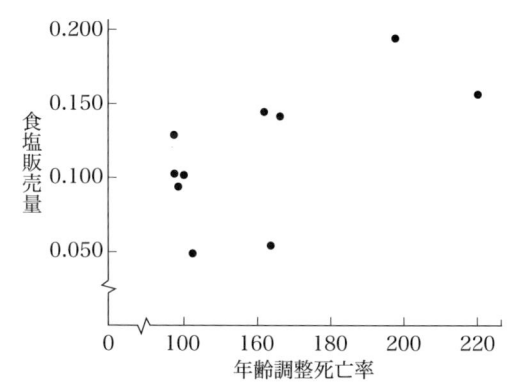

図28 脳卒中死亡率と食塩販売量との散布図

ために，各測定点をグラフ用紙上に点として次つぎ求めて**散布図**（図28）を描くと，かなり直線型相関があるらしいことがわかる．そこで相関係数を求めることにする．

相関係数を求めるには，計算を簡単にするために，年齢調整死亡率のそれぞれを10倍し1400を引いた数値を表25のXの欄に書き，食塩販売量はそれぞれ1000倍して100引いたものをYの欄に書いて，式（4.1）のX^2，Y^2，XYの平均値を求める．

表25から式（4.1）を用いて相関係数を計算すると，

$$\text{相関係数} = \frac{10799.5 - 209.2 \times 17.6}{\sqrt{(116402.6 - 209.2^2) \times (2107.4 - 17.6^2)}} = 0.62$$

標本から求めた相関係数を**標本相関係数**といい，**母相関係数**と区別して用いる．

表 25 相関係数の計算法

	年齢調整死亡率 (X)	食塩販売量 (Y)	$\left(\begin{array}{c}\text{年齢調整}\\\text{死亡率}\end{array}\right)^2$ (X^2)	$\left(\begin{array}{c}\text{食 塩}\\\text{販売量}\end{array}\right)^2$ (Y^2)	年齢調整死亡率×食塩販売量 (XY)
A	244	−42	59536	1764	−10248
B	−9	−7	81	49	63
C	223	45	49729	2025	10035
D	579	94	335241	8836	54426
E	−27	30	729	900	−810
F	264	41	69696	1681	10824
G	−16	1	256	1	−16
H	2	9	4	81	18
I	805	56	648025	3136	45080
J	27	−51	729	2601	−1377
計	2092	176	1164026	21074	107995
平均	209.2	17.6	116402.6	2107.4	10799.5

注) 上述の計算でわかるように，相関係数を計算するときには，計算を簡単にするために，それぞれの数値からある一定数を引いたりかけたりしてよい。上例題では，死亡率のほうは 10 倍して 1400 引き，食塩販売量では 1000 倍して 100 引いた。このように操作を加える数字が X, Y の間で異なってもよい。相関係数の計算を行うには，その例数は少なくとも，10〜15 例はほしい。これより少ないときには，§4・3 の**順位相関**を用いたほうがよい。

3. 相関係数の検定

 相関係数の検定を行う場合は母相関係数＝0 の場合と，母相関係数≠0 の場合とでは，相関係数の分布が異なるので，検定方法もそれに従って変わる。

 すなわち相関係数は，母相関係数＝0 で例数が多い時は，0 を中心とした正規分布に近い分布をする。しかし母相関係数≠0 で 1 に近くなると，正規分布をしないで非常に偏った非対称分布をする(図 29)。したがって相関係数の検定を行うには，相関係数を正規分布をするような数値に変換する必要がある。このために R. A. Fisher は Z 変換をして正規分布に近似

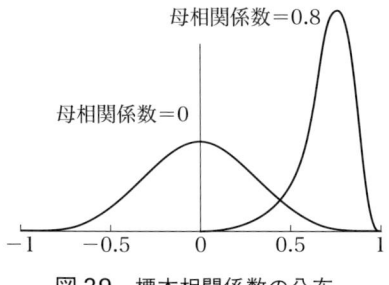

図29 標本相関係数の分布

させることを考案した。よってこのZ変換をフィッシャーのZ変換という。

相関係数をZへ変換するには，

$$Z = \frac{1}{2} \ln \frac{1+相関係数}{1-相関係数} \quad (4.2)$$

の式を用いる。すると$Z = \frac{1}{2} \ln \frac{1+相関係数}{1-相関係数}$を平均値とし，$\frac{1}{例数-3}$を母分散とする正規分布をする。ここでlnは自然対数を示している。相関係数をZ変換するには，付表10, 11を用いる．例えば，相関係数=0.969とするとは付表11において，左欄の0.96の横行と，上の欄の0.09の縦列の交わったところの数値2.0756がZ値である．

上記の解説からわかるように相関係数の検定は，標本相関係数と例数の大きさによって下記の3つの方法に分けられる。

A．例数<50，|標本相関係数|<0.75の場合はt検定を用いる．すなわち

$$t = \frac{相関係数 \times \sqrt{例数-2}}{\sqrt{1-(相関係数)^2}} \quad (4.3)$$

で，tを計算し，自由度=例数-2として，付表2（158頁）のt分布表のtと比較する．

B．例数≧50，|相関係数|<0.75の場合は正規分布を利用する．すなわち

$$標準偏差 = \frac{1-(相関係数)^2}{\sqrt{例数-1}}$$

$$Z_O = \frac{相関係数}{標準偏差} = \frac{相関係数}{1-(相関係数)^2} \times \sqrt{例数-1} \qquad (4.4)$$

で Z_O を計算し，付表 1 の正規分布表において Z_O に相当する A の値と比較する (42頁)。

C．|相関係数|≧0.75 の場合は例数に関係なく (4.2) の式により Z 変換して検定する。すなわち

$$Z = \frac{1}{2} \ln \frac{1+相関係数}{1-相関係数} \qquad (4.2)$$

$$標準偏差 = \frac{1}{\sqrt{例数-3}}$$

$$Z_O = \frac{Z}{標準偏差} = Z\sqrt{例数-3} \qquad (4.5)$$

まず Z 値を付表 10，11 で r から読みとり，これを (4.5) の式に代入して Z_O を求め，付表 1 の正規分布表において Z_O に相当する A の値と比較する (42頁)。

A．の方法

例題 4・2 相関係数＝0.21，例数＝20 を有意水準 5％ として検定せよ。

　仮説：母相関係数＝0 である。

　式 (4.3) から t 値を求める。この計算は絶体値で行う。

$$|t| = \frac{|0.21| \times \sqrt{20-2}}{\sqrt{1-0.21^2}} = 0.91$$

|t| の値は小数であるから，t 分布表の t の値と比較するまでもなく，有意の差がない。

B．の方法

例題 4・3 相関係数＝0.40　例数＝60 の時，相関係数に有意の差があるかどうかを検定せよ。

　仮説：母相関係数＝0 である。

　式 (4.4) から Z_O を求める。この計算は絶体値で行う。

$$|Z_Q| = \frac{|0.40|}{1-0.40^2} \times \sqrt{60-1} = 3.65$$

付表1の正規分布表で $|Z_Q|$ に相当するAの最大値は3.19で3.65はない。よって3.19についてみると，この面積の1/2の値は0.4993である。したがって面積は $0.4993 \times 2 = 0.9986$ (99.86%)となり，有意水準は $1 - 0.9986 = 0.0014$ (0.14%)となる。そして $|Z_Q| = 3.65 > 3.19$ であるから，当然有意水準0.5%以下で有意の差がある。

C．の方法

例題 4・4　相関係数＝0.80　例数＝5の時，相関係数に有意の差があるかどうかを検定せよ。

　仮説：母相関係数＝0である。

　まず $|Z|$ 値を付表11から求める。実際の計算は絶体値で行う。

$$|Z| = 1.098$$
$$|Z_Q| = 1.098 \times \sqrt{5-3} = 1.552$$

は付表1の正規分布表で Z_Q に相当するAの値1.55の面積の1/2の値は0.4394である。したがって面積は $0.4394 \times 2 = 0.8788$ (87.88%)となり，有意水準は $1 - 0.8788 = 0.1212$ (12.12%)となる。これは5%より大きいから有意の差はない。

　2つのA，B，のデータの相関係数を比較するには，まずそれぞれの相関係数を式(4.2)を用いてZ変換する。

$$Z = \frac{1}{2} \ln \frac{1+相関係数}{1-相関係数} \tag{4.2}$$

　いまZ変換した2つの相関係数をそれぞれ Z_A，Z_B とすると，Z_A と Z_B の差の分散は

$$\frac{1}{(Aの例数-3)} + \frac{1}{(Bの例数-3)}$$

で示される。ついで Z_A と Z_B の差を標準化した次の式は，標準正規分布に従うのでこれを利用する。

112 4. 相関関係

$$Z_O = \frac{Z_A - Z_B}{\sqrt{\dfrac{1}{Aの例数 - 3} + \dfrac{1}{Bの例数 - 3}}} \tag{4.6}$$

したがって Z_O の値が有意水準5％の値1.96より大であれば，AとBの相関係数は有意水準5％で有意の差があるといえる。

例えばAの相関係数＝0.61，例数＝19とBの相関係数＝0.90，例数＝12の間に有意の差があるかどうかを検定すると（実際の計算は絶体値で行う），$|Z_A|=0.708$，$|Z_B|=1.472$ であるので

$$|Z_O| = \frac{|0.708 - 1.472|}{\sqrt{\dfrac{1}{19-3} + \dfrac{1}{12-3}}} = 1.836$$

となる。付表1の正規分布表で $|Z_O|$ に相当するAの値が1.83である片側の面積の値が0.4664であるので，両側の面積は $0.4664 \times 2 = 0.9328$（93.28％）となり，有意水準は $1 - 0.9328 = 0.0672$（6.72％）となる。したがって有意水準5％の値1.96より小さいので有意の差はない。

上記の方法が正式な方法であるが，簡単には $|Z_O|=1.836<1.96$ であるから有意水準5％で有意の差はないとしてよい。

注）同じ相関係数でも，例数が多くなると有意となる。例えば，例題4・2で例数＝20，標本相関係数＝0.21で，これを検定すると，$|t|=0.91$ となり，有意の差はない。

これを例数＝100とすると，式（4.4）より

$$|Z_O| = \frac{|0.21|}{|1-0.21^2|} \times \sqrt{100-1} = 2.1849$$

付表1の正規分布表で $|Z_O|$ に相当するAの値2.18の面積の1/2の値は0.4854である。したがって面積は $0.4854 \times 2 = 0.9708$（97.08％）となり，有意水準は $1 - 0.9708 = 0.0292$（2.92％）となる。これは5％より小さいから有意の差を示す。

すなわち，例数が20では有意の差を示さないのに，例数が100になると有意の差を示すのである。

練習問題 1 表26は某市のM通りにおいて，NO_2濃度（ppm）と自動車走行台数（10分間）との関係を経時的に調べた数値を示している。この相関係数を求めてその有意性を検討せよ。

[解答]

NO_2濃度（X）は100倍し，自動車走行台数（Y）は300を減じた値を用いて表27をつくり，計算する。すなわち，

　　　Xの平均 = 8.1
　　　Yの平均 = 54.4
　　　X^2の平均 = 68.5
　　　Y^2の平均 = 4022.6
　　　XYの平均 = 433.7

となるから，式（4.1）より，

表26　NO_2濃度と自動車走行台数

時　刻	8	9	10	11	12	13	14	15	16	17	18
NO_2	0.07	0.10	0.10	0.08	0.09	0.09	0.09	0.07	0.07	0.08	0.06
自動車走行台数	286	333	360	381	354	307	366	375	361	370	406

表27　NO_2濃度と自動車走行台数の相関係数の計算法

	NO_2 (X)	自動車 (Y)	X^2	Y^2	XY
	7	-14	49	196	-98
	10	33	100	1089	330
	10	60	100	3600	600
	8	81	64	6561	648
	9	54	81	2916	486
	9	7	81	49	63
	9	66	81	4356	594
	7	75	49	5625	525
	7	61	49	3721	427
	8	70	64	4900	560
	6	106	36	11236	636
計	90	599	754	44249	4771
平均	8.1	54.4	68.5	4022.6	433.7

$$相関係数 = \frac{433.7 - 8.2 \times 54.5}{\sqrt{(68.5 - 8.1^2) \times (4022.6 - 54.4^2)}}$$

$$= \frac{-13.2}{\sqrt{(68.5 - 65.6) \times (4022.6 - 2959.3)}}$$

$$= \frac{-13.2}{\sqrt{2.9 \times 1063.3}}$$

$$= \frac{-13.2}{\sqrt{3083.57}}$$

$$= \frac{-13.2}{55.52} = -0.23$$

次にこの標本相関係数が有意であるかどうかを検討する。
仮説：NO_2 濃度と自動車走行台数とは相関がない。
そこで式 (4.3) を用いて $|t|$ を計算すると，

$$|t| = \frac{|-0.23| \times \sqrt{11-2}}{\sqrt{1 - 0.23^2}} = \frac{|-0.23| \times 3}{\sqrt{0.9471}} = \frac{0.69}{0.97} = 0.71$$

一方，t 分布表において，$t_9(0.05) = 2.26$ であるから $|t| < t_9(0.05)$ となるため，有意の差がない。よって仮説を捨てることはできない。すなわち NO_2 濃度と自動車走行台数とは関係がない。

練習問題 2 神経痛およびリウマチ患者の月別発生数と気温較差は表26に示すようであった。患者発生と気温較差との間に相関があるか。

[解答]
　　表28から表29をつくり，計算すると，
　　　　X の平均 $= 17.08$
　　　　Y の平均 $= 10.10$
　　　　X^2 の平均 $= 330.75$
　　　　Y^2 の平均 $= 112.02$
　　　　XY の平均 $= 180.15$
　となるから，式 (4.1) より，

表28 神経痛およびリウマチ患者の月別発生数と気温較差

月　別	1	2	3	4	5	6	7	8	9	10	11	12
発生数	12	13	22	23	16	10	16	11	26	27	21	8
較　差	8.4	10.9	13.6	14.8	8.0	12.7	7.6	10.3	7.4	15.1	6.9	5.6

表29 神経痛およびリウマチ患者の発生数と気温較差の相関係数の計算法

月	発生数 (X)	較差 (Y)	X^2	Y^2	XY
1	12	8.4	144	70.56	100.8
2	13	10.9	169	118.81	141.7
3	22	13.6	484	184.96	299.2
4	23	14.8	529	219.04	340.4
5	16	8.0	256	64.00	128.0
6	10	12.7	100	161.29	127.0
7	16	7.6	256	57.76	121.6
8	11	10.3	121	106.09	113.3
9	26	7.4	676	54.76	192.4
10	27	15.1	729	228.01	407.7
11	21	6.9	441	47.61	144.9
12	8	5.6	64	31.36	44.8
計	205	121.3	3969	1344.25	2161.8
平均	17.08	10.10	330.75	112.02	180.15

$$相関係数 = \frac{180.15 - 17.08 \times 10.10}{\sqrt{[330.75 - 17.08^2] \times [112.02 - 10.10^2]}}$$

$$= \frac{7.64}{19.76} = 0.38$$

次にこの標本相関係数の有意性を, 式 (4.3) を用いて検討する。

仮説：発生数と気温較差との間には相関がない。

$$|t| = \frac{|0.38| \times \sqrt{12-2}}{\sqrt{1-0.38^2}} = \frac{0.38 \times 3.16}{0.92} = \frac{1.20}{0.93} = 1.29$$

一方, t 分布表で $t_{10}(0.05) = 2.228$ であるから $|t| < t_{10}(0.05)$ となり, 有意の差がない。よって仮説を捨てることはできない。すなわち, 患者発生数と気温較差との間には関連がない。

§ 4·3 順位相関

2つの変わる数値についての相関関係は前述の相関係数により検討できる。ところが, 数値で表すことがむずかしい場合や, 正確な数値がわから

なくても，1位・2位・3位……のように順位を決めることができる場合，さらに先の相関係数を求める例題において，2つの変わる数値を順位で表せば，順位相関係数を計算することができる。そしてこの方法のほうが直接法または相関表による計算の方法よりも，計算は簡単である。

順位相関係数には，**スピアマン(Spearman)の順位相関係数**と，**ケンドール (Kendall) の順位相関係数**とがある。ここでは算出方法が簡明であるスピアマンの順位相関係数（以下順位相関係数と略称する）について説明する。

いくつかの標本（人の場合にはAさん，Bさん，Cさん……）について，2つの異なった事がらについて順位をつける。すなわち，1つの標本に2つの順位がつけられる。ある標本では偶然同じ順位（1位と1位とか，10位と10位）がつくこともあり，全く逆の順位（1位と10位とか，10位と1位）がつくこともある。次に各標本につけられた順位の差を求めて2乗し（各順位の差の合計は必ず0にならなければいけない），2乗した値を合計して6倍する。ここで得られた値を例数×(例数²−1)で割り，1から差し引いて残った値が順位相関係数である。順位相関係数は，前節の相関係数と同じようにその範囲は，+1から−1までの値をとる。すなわち，2つの順位が完全に一致したときは+1となり，その反対に完全に逆のときは−1となる。式で表せば次のようになる。

$$順位相関係数 = 1 - \frac{6 \times (各標本につけられた順位の差を2乗して合計した数)}{例数 \times [(例数)^2 - 1]}$$

(4.7)

ついで順位相関係数を検定するには2つの順位間には相関がないという仮説をたてて検定しなければいけない。順位相関係数の検定は，① 例数が10までの場合は付表13（174頁）を用いて行う。② 例数が10より多いときには，式 (4.3) の，

$$t = \frac{相関係数 \times \sqrt{例数 - 2}}{\sqrt{1 - (相関係数)^2}}$$

を用いてtの値を計算し，t分布表のtの値と比較する。この場合の検定は片側検定法（43頁参照）で行うのである。自由度は例数－2である。

例題 4·5 看護婦7名に5分間でベッドメーキングを行わせ，A婦長とB婦長が採点して順位をつけたら**表30**のようになった。順位相関係数を求めよ。

まず差を求め，次にその差を2乗して合計すると20になる（**表31**）。例数は7であるから，これらの値を式（4.7）に代入すると，

$$1-\frac{6\times 20}{7\times (7^2-1)}=1-\frac{6\times 20}{7\times 48}=0.642$$

となる。

ついでこれを検定しよう。例数が7であるから，付表12から0.714以上の値でなければ，2人の順位間の相関が有意であるといえない。ところが例題の順位相関係数は0.643であるから有意の差がない。よって相関がないという仮説は捨てられない。すなわちA婦長とB婦長の採点順位に相関がないということになる。

表30　A婦長とB婦長の採点順位

看護婦	A	B	C	D	E	F	G
A婦長	2	1	4	5	3	7	6
B婦長	3	4	2	5	1	6	7

表31　順位相関係数の計算法

看護婦	A	B	C	D	E	F	G	合計
A婦長	2	1	4	5	3	7	6	
B婦長	3	4	2	5	1	6	7	
差	－1	－3	2	0	2	1	－1	0
(差)²	1	9	4	0	4	1	1	20

例題 4・6

高校生 8 名の数学の成績と英語の成績は**表 32** に示すようであった。数学の成績と英語の成績は相関があるだろうか。

この場合は相関係数を求めてこれを検定する方法もあるが，順位相関係数を求める方法で行うことができる。高校生の成績を順位で表すと**表 33** となる。これから，式（4.4）を用いて，

$$順位相関係数 = 1 - \frac{6 \times 18}{8 \times (8^2 - 1)} = 1 - \frac{108}{8 \times 63} = 0.786$$

となる。これを付表 12 を用いて検定すると，例数 = 8，有意水準 5 % の値は 0.643 であるから，得られた順位相関係数のほうが大となり，有意水準 5 % で有意差がある。すなわち，英語の成績と数学の成績とは関連が認められる。

表 32 高校生の数学の成績と英語の成績

課目＼生徒	1	2	3	4	5	6	7	8
英語	85	83	79	74	72	68	63	60
数学	90	80	76	83	58	70	65	60

表 33 高校生の数学の成績と英語の成績の順位

課目＼生徒	1	2	3	4	5	6	7	8	合計
英語	1	2	3	4	5	6	7	8	
数学	1	3	4	2	8	5	6	7	
差	0	−1	−1	2	−3	1	1	1	0
(差)^2	0	1	1	4	9	1	1	1	18

注) 順位相関係数を計算する場合に，もし同順位のものがいくつかあったらどうするか。たとえば 3 位と 4 位に相当するものが同じ順位のときは，これらの順位を $\frac{1}{2}(3+4) = 3.5$ 位と同じ順位にする。3 位，4 位，5 位が同じ順位に相当するときは $\frac{1}{3}(3+4+5) = 4$ 位と，3 つを同じ順位にする。

練習問題 3
H市11区の脳卒中年齢調整死亡率の順位と食塩販売量の順位を**表34**に示した。これを用いて順位相関係数を求め，その有意性を検定せよ。

[解答]

表34に示すように各区の脳卒中年齢調整死亡率の順位から食塩販売量の順位を引き，その差をそれぞれ2乗してその計82を求め，式(4.7)に代入すると

$$順位相関係数 = 1 - \frac{6 \times 82}{11 \times (11^2 - 1)} = 1 - \frac{492}{1320} = 0.372$$

次に，求めた順位相関係数の検定を行おう。データの例数が10より多いから式(4.3)を用いてt検定を行う。

$$|t| = \frac{|0.372| \times \sqrt{11-2}}{\sqrt{1-0.372}} = \frac{1.116}{0.928} = 1.202 < t_8(0.10)$$
$$= 1.860$$

となるので有意差はない。

表34 脳卒中年齢調整死亡率と食塩販売量の順位

区	NS	MM	KG	KH	KZ	IG	TZ	TM	HG	LK	SM	計
脳卒中年齢調整死亡率	1	2	3	4	5	6	7	8	9	10	11	
食塩販売量	1	4	3	10	2	6	9	8	7	5	11	
差	0	−2	0	−6	3	0	−2	0	2	5	0	0
(差)²	0	4	0	36	9	0	4	0	4	25	0	82

練習問題 4
練習問題1（113頁）を順位相関による方法で検討せよ。

[解答]

表27から**表35**をつくって順位相関係数を計算すると，

表35 NO_2濃度と自動車走行台数の順位

時刻	8	9	10	11	12	13	14	15	16	17	18	合計
NO_2	9	1.5	1.5	6.5	4	4	4	9	9	6.5	11	
自動車	11	9	7	2	8	10	5	3	6	4	1	
差	−2	−7.5	−5.5	4.5	−4	−6	−1	6	3	2.5	10	0
(差)²	4	56.25	30.25	20.25	16	36	1	36	9	6.25	100	315

順位相関係数 $= 1 - \dfrac{6 \times 315}{11 \times 120} = 1 - \dfrac{1890}{1320}$

$= 1 - 1.431 = -0.431$

これを，t 検定によって検定すると，

$$|t| = \dfrac{|-0.431| \times \sqrt{9}}{\sqrt{1-(-0.431)^2}} = \dfrac{|-0.431| \times 3}{0.902} = 1.433$$

t 分布表で自由度＝9，有意水準 10 ％の t の値は $t_9(0.10) = 1.833$，したがって $|t| < t_9(0.10)$ となり，有意水準 5 ％では有意の差がない。

練習問題 5　18 か国の乳児死亡率(出生 1000 対)について，1980 年と 1988 年の順位を比較したら表 36 を得た。この成績から両年度に相関があるといえるか。

[解答]

表 36 から順位相関係数を計算すると

$$順位相関係数 = 1 - \dfrac{6 \times 83.5}{18 \times (18^2 - 1)} = 1 - \dfrac{501}{5814} = \dfrac{5313}{5814}$$

$= 0.91$

これを t 検定によって検定すると，

$$|t| = \dfrac{0.91 \times \sqrt{18-2}}{\sqrt{1-0.91^2}} = \dfrac{0.91 \times 4}{0.41} = 8.87$$

表 36　乳児死亡率の1980年と1988年の順位

国 \ 年度	1980	1988	差	差²
A	2	1	1	1
B	1	2	−1	1
C	4	3.5	0.5	0.25
D	5	3.5	1.5	2.25
E	7	5	2	4
F	10.5	6.5	4	16
G	3	6.5	−3.5	12.25
H	6	8	−2	4
I	13.5	9	4.5	20.25
J	8	10	−2	4
K	9	11	−2	4
L	13.5	12	1.5	2.25
M	10.5	13	−2.5	6.25
N	12	14	−2	4
O	15	15	0	0
P	17	16	1	1
Q	16	17	−1	1
R	18	18	0	0
計			0	83.50

t 分布表で自由度＝16，有意水準 0.1％の t の値は $t_{16}(0.001)=4.015$，したがって $|t|>t_{16}(0.001)$ となり，有意水準 0.05％で有意の差がある。よって 1980 年と 1988 年とでは 18 か国の乳児死亡率の傾向はよく一致しているということができる。

5 多変量における統計分析

　1章から4章までは主に一変量の統計的手法について述べてきた。例えば血圧について，2つの集団の血圧の比較，全国と某地域の中高年の血圧の比較，2つの集団の高血圧の頻度の比較などのように，血圧という一つの値について種々な統計学的検討を行うことを一変量の統計的解析といい，ある集団の血圧と肥満度の相関関係を検討する場合は血圧と肥満度という二つの値について統計学的検討を行うので二変量の統計学的解析という。しかし我々が日常，研究や評価を行う対象はすべて多面的な特性を備え，多変量的（変量数が3つ以上の場合を多変量という）に分析しなければならない必要にせまられることが多い。**多変量解析**は，収集された多数のデータをもとに絡みあった要因を解きほぐし，要因相互の関係を明確にするための手法である。ここでとくに注目して明らかにしたいデータを**目的変数**といい，他の多くの目的変数に対する影響などを調べたいと考えているデータを**説明変数**とよんでいる。例えば血圧の変動が肥満度，摂取する食塩量，運動，喫煙，飲酒などによってどの程度影響を受けるのか検討しようとする場合，血圧が目的変数であり，他のもの（変数）は説明変数である。

　この目的変数の有無によって，多変量解析の方法は，大きく2つに分類することができる。目的変数がある場合は，説明変数を用いて目的変数を予測する重回帰分析や，目的変数を判別する判別分析などがある。目的変数がない場合には，各変数間の関係を探る分析を行うことになる。このよ

うな分析は内的構造分析とよばれ，代表的な方法として因子分析や主成分分析，クラスタ分析などがある。

しかし，このような，いわゆる多変量解析という専門分野に立ち入ることは，本書の意図を越えるので，ここでは日常多く用いられている多変量における統計手法，分散分析と目的変数のある重回帰分析と判別分析のみに限定して述べたい。分散分析は専門書では多変量解析には含まれず変量分析あるいは実験計画法と言われている手法であるが，3変量以上を取り扱っているので，ここにあえて含めた。

1変量のデータ分析では，図30の上段に示したように，例えばある母集団から標本を選びだし，身長を測定しその平均値を比較したり，あるいは身長と体重を測定し相関係数を計算した。多変量の分析では，図30の下段のように3変量以上のデータを同時に要約して分析する手法である。最近では計算機が発達し，手計算で行われることはほとんどないため，その方法の概略と解釈についてのみ述べたい。

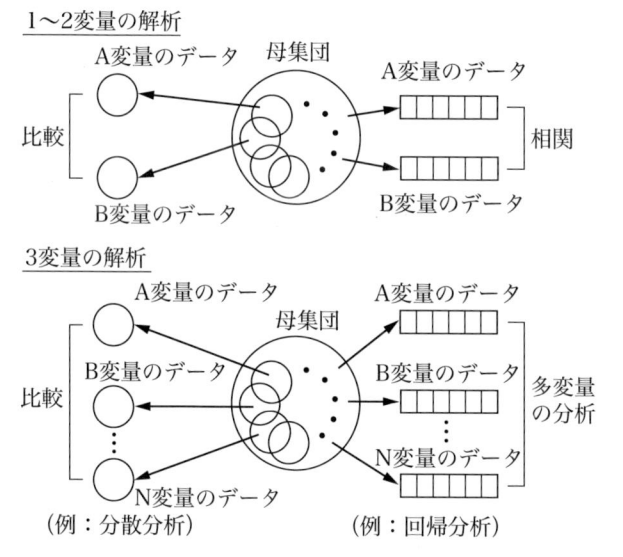

図30　1変量を中心とした統計解析と3変量以上の統計解析

§ 5·1 分散分析法

　分散分析法は，元来農事試験で作柄に現れた収穫量（変量）を観察し，これの変動に影響を与える要因をあるいは地力，品種，栽培法などといろいろ分析して追求するために，英国の農学者フィッシャー（R.A. Fischer）によって創案された方法であるが，これが他の研究分野にも広く応用されるようになった。

　このように本法は極めて有用な統計的手法であるが，理解しにくい一面もあることは否定できない。よってここでは統計学的用語や公式は最小限度にとどめてできる限り平易に解説した。

　分散分析法はF検定（55頁参照）を利用して，3つ以上の標本平均を用いて，母平均が等しいかどうかを検定する方法である。そして分析に用いる条件（要因）の数が1つであれば一元配置法，2つであれば二元配置法という。

|例題 5·1|　プラシーボおよび降圧薬の投与期間をそれぞれ4週間とし,両者を比較した（**表 37**，架空例）。両者間に有意な差が得られたか。

　いまここで知りたいことは降圧剤の効果があるかどうかという1つの要因の作用についてである。したがって本例題は一元配置法で分析する問題である。
では例題を用いて解説しよう。分散分析では表37のようなプラシーボ投与前，後，降圧薬投与後のグループを級といい，その各級の血圧値を級内データという。ここではこれを各々A，B，Cの級とする。

　一元配置法の変動（変動については5頁参照）は全変動，級間変動，級内変動の3つからなっている。全変動は30人各人の血圧値と30人全員の総平均との差を示し，級間変動はA，B，Cの級間との差を示し，級内変動は同じ級の中で実験のくり返し（ここでは10人の値を10回くり返した

表37　降圧薬投与前後の血圧値

対象	A プラシーボ投与前	B 後	C 降圧薬投与後
1	142	140	134
2	162	162	142
3	168	160	140
4	138	130	122
5	162	150	130
6	150	148	124
7	136	134	126
8	132	130	120
9	142	138	118
10	126	126	112
級内平均	145.8	141.8	126.8

表38　分散分析表

要因	変動	自由度	不偏分散	F
級間	級間変動	級数−1	$\dfrac{級間変動}{級間の自由度}$	$\dfrac{級間の不偏分散}{級内の不偏分散}$
級内	級内変動	全例数−級の数	$\dfrac{級内変動}{級内の自由度}$	
計	全変動	全例数−1		

値とした。)による差を示す。言葉をかえて言えば誤差変動である。したがって全変動＝級間変動＋級内変動となる。そこで一元配置法分析の原理は，全変動の中から降圧剤の効果を示す変動（級間変動）をとり出し，誤差の変動（級内変動）と比較して，統計学的に判定しようとする方法である。

実際の検定の手順は，

① A，B，Cの母平均は等しいという帰無仮説をたてる。
② 総平均，全変動，級間変動，級内変動を求める。
③ 級間の不偏分散，級内の不偏分散を求める。

④ F（不偏分散比）＝級間の不偏分散/級内の不偏分散を求める。
⑤ 計算したFの値とF分布表のFの値とを比較して有意差の有無を判定する。

上記を表に示すと**表38**の分散分析表となる。

⑥ ⑤が有意であれば仮説をすて，A，B，C間の母平均に差があると判定する。ついでA，B，Cの母平均の順位はライアンの方法で決める。

では例題を分析しよう。

仮説：A，B，Cの母平均は等しい。

まず**表37**より，全データの平均値（総平均）を求める。

総平均＝(142＋162＋………＋112)/30＝138.1

次に各級の平均値を平均A，平均B，平均Cとすると，平均A＝145.8，平均B＝141.8，平均C＝126.8（単位はmmHg）となる。これらの平均値を用いて次のような値を求める。

- 全変動
 ＝[{(級内データ)－(総平均)}^{2}の全合計]
 ＝6103
- 級間変動
 ＝[{(ある級の平均)－(総平均)}^{2}×(1つの級のデータの例数)の全合計]
 ＝(145.8－138.1)^2×10＋(141.8－138.1)^2×10＋(126.8－138.1)^2×10
 ＝2006

級内変動は全変動と級間変動の差によって求められる。

- 級内変動＝[(全変動)－(級間変動)]
 　　　　＝6103－2006＝4097

注目している要因による影響を主効果と言い，この主効果の有無を検定するには，級間変動と級内変動を自由度で割って不偏分散を求め，その比を計算する。

F＝{(級間不偏分散)}/{(級内不偏分散)}

表39

要因	変　動	自由度	不偏分散	F
級間	2006	3−1=2	1003	6.61
級内	4097	27	151.74	
計	6103	29		

$= 1003/151.74$

$= 6.61$

F分布表（付表 8 ）で，自由度 $n^1=2$, $n2=27$ で有意水準 1 ％の値を求めると F 27(0.01)＝5.48 であるから明らかに F の方が大きいので主効果があるものと判定できる（**表 39**）。

　一元配置分散分析によって，もし有意でなければ，分析をこれ以上続けることはないが，有意差が認められるのならば，どの級間に有意差があるかを調べる。これには多重比較という方法を用いシェッフェの S 検査（Sheffes' S-test）やテュキー q 検査（Tukey's q-test），ダンカン（Duncan）検査など色々な方法がある。ここではライアン（Ryan）の方法を述べる。まず各群の平均を大きい順に並べると，平均 A ＞平均 B ＞平均 C の順になる。そこでまず最大値の平均 A と最小値の平均 C を比較する。この検定で有意差がないときは，これで終わる。それではライアンの方法を述べよう。

$$t = \frac{(\text{平均A}) - (\text{平均C})}{\sqrt{\text{級内不偏分数} \times \left(\frac{1}{\text{Aの標本の例数}} + \frac{1}{\text{Cの標本の例数}}\right)}}$$

有意水準を 5 ％で行いたいならば

$$\text{有意水準} = \frac{2 \times (5\%)}{(\text{級の数}) \times (\text{Cの順位} - \text{Aの順位})}$$

にする必要がある。すなわち，

$$t = \frac{(145.8-126.8)}{\sqrt{151.74 \times \left(\frac{1}{10}+\frac{1}{10}\right)}} = 3.45$$

$$有意水準 = \frac{2 \times 5}{3 \times (3-1)} = 1.66(\%)$$

となる。よって自由度は $30-3=27$, 有意水準 1.66% の t の値を t 分布表で求めると, これに該当するものはないが

$$t_{27}(0.02) < t_{27}(0.0166) < t_{27}(0.01) = 2.771$$

なので, 自由度 27, 有意水準 1% の値 2.771 と比較すればよい。計算した $t=3.45>2.771$ であるから有意差がある。

よって平均Bと平均Cを比較する。

$$t = \frac{(141.8-126.8)}{\sqrt{\frac{4097}{27} \times \left(\frac{1}{10}+\frac{1}{10}\right)}} = 2.7$$

$$有意水準 = \frac{2 \times 5}{3 \times (3-2)} = 3.3(\%)$$

で自由度 27, 有意水準 1% の値 2.771 より大きいので有意差がある。

平均Aと平均Bについては

$$t = \frac{(145.8-141.8)}{\sqrt{\frac{4097}{27} \times \left(\frac{1}{10}+\frac{1}{10}\right)}} = 0.72$$

$$有意水準 = \frac{2 \times 5}{3 \times (2-1)} = 3.3(\%)$$

で自由度 27, 有意水準 10% の値の 1.31 よりも小さいので有意差はない。

以上の結果, 降圧薬投与後の血圧は, プラシーボ投与に比較して有意水準 5% で有意差が認められたことになる。

§ 5・2　重回帰分析

　重回帰分析は，単回帰（相関）分析がある目的変数に関して1つの説明変数によって予測を行うのに対して，2つ以上の説明変数を用いる場合をいう。仮に説明変数が5個あるとしよう。この5個の変数を用いてある目的変数の関係を調べ，予測を行うのである。このための予測式は

　　　　予測値＝（係数1）×（変数1）＋（係数2）×
　　　　（変数2）＋………＋（係数5）×（変数5）＋
　　　　（定数）

である。上式は重回帰式（線形重回帰モデル）とよばれるが，各変数にある重みをつけ加えた，一種の合成得点になっている。この変数の係数を求めるには，実際の目的変数の値と予測値の差（残差）の平方和を最小になるように求めればよい（最小二乗法）。このように求められた各説明変数の係数は偏回帰係数と呼ばれる。この各々のある偏回帰係数も統計量(22頁)であり，平均と標準偏差 $\{($ある説明変数の偏差平方和$/$残差変動の不偏分散$)^{1/2}\}$の正規分布に近づくことが分かっており，この標準偏差を標準誤差とし，偏回帰係数を標準誤差で割ったものがT値である。偏回帰係数は，測定単位によって大きくなったり，小さくなったりするのでこの偏回帰係数の大きさを測定単位によって左右されないようにするためには，各変数を平均0，分散1になるように標準化し求める。これが標準偏回帰係数である。

　予測値と実際の目的変数の値との相関係数は，重相関係数とよばれ，この重相関係数の値が大きいほど使用した説明変数で予測がうまく行えることを示す。しかし，説明変数によって目的変数がどの程度予測可能かを示すには，一般には重相関係数の二乗した決定係数を用いる。

　例題 5・2　超音波法で求めた総頸動脈の内径と年齢，血圧，体表面積

130   5. 多変量における統計分析

(**表40**) との重回帰分析による関係式を求めよ。

表40 総頸動脈内径とその関連要因
　　　　SBP＝収縮期血圧，DBP＝拡張期血圧(mmHg)

症例	年齢	体表面積(m^2)	SBP	DBP	SBP/DBP	総頸動脈内径(mm)
1	65	1.82	118	52	2.2	11.3
2	82	1.62	142	91	1.5	7.7
3	34	1.96	119	77	1.5	8.4
4	60	1.50	202	114	1.7	9.3
5	69	1.95	126	61	2.0	11.1
6	57	1.66	114	80	1.4	7.88
7	72	1.75	130	80	1.6	10.3
8	72	1.34	144	65	2.2	8.7
9	40	1.54	117	70	1.6	7.0
10	63	1.70	148	76	1.9	11.5
11	71	1.77	146	74	1.9	9.6
12	66	1.60	173	98	1.7	9.0
13	27	1.71	118	70	1.6	7.44
14	65	1.77	145	72	2.0	9.79
15	56	1.76	136	90	1.5	8.0
16	32	1.75	128	70	1.8	7.4
17	40	1.84	130	80	1.6	8.0
18	45	1.78	144	94	1.5	8.1
19	74	1.54	189	90	2.1	9.6
20	22	1.63	146	90	1.6	8.6
21	28	1.87	99	64	1.5	8.4
22	35	1.77	139	78	1.7	7.9
23	62	1.58	177	100	1.7	9.1
24	25	1.77	118	71	1.6	7.7
25	64	1.74	108	80	1.3	9.4
26	45	1.70	164	110	1.4	9.8
27	40	2.00	172	88	1.9	9.3
28	69	1.41	148	78	1.8	7.8
29	63	1.59	161	88	1.8	10.1
30	37	1.83	108	61	1.7	8.1
31	38	1.90	116	58	2.0	9.0
32	55	1.48	188	95	1.9	9.2

表41 相関マトリックス

	年齢	体表面積	SBP/DBP	総頸動脈内径
年齢	1.000	−0.368	0.445	0.619
体表面積	−0.368	1.00	−0.126	0.141
SBP/DBP	0.445	−0.126	1.000	0.482
総頸動脈内径	0.619	0.141	0.482	1.000

表42 重回帰式

	偏回帰係数	標準回帰係数	F値	T値	標準誤差	偏相関係数
年齢	0.0468	0.667	21**	4.6	0.01	0.656
体表面積	3.053	0.417	10**	3.2	0.95	0.515
SBP/DBP	1.173	0.237	3	1.7	0.67	0.313

定数=−0.716　　重相関係数=0.737　　決定係数=0.587
**有意水準1%を示す

では本例題を解こう。ここでは，総頸動脈内径を目的変数，年齢，体表面積，血圧を説明変数として分析を行った。ただし個人の血圧は変動するために血圧のデータは各個人では比較的安定した値を示す収縮期血圧と拡張期血圧の比を用いた。

通常は，このような計算には市販のコンピュータプログラムを用いる。その結果，相関マトリックス，重回帰式の各係数が以下のように算出される（**表41, 42**）。

この表より総頸動脈内径は，$0.047\times$（年齢）$+3.1\times$（体表面積）$+1.17\times$（収縮期血圧/拡張期血圧）-0.716 の予測式で示され，重相関係数は0.737，決定係数は0.587であるので，総頸動脈内径は，これらの要因で約6割説明できる可能性を示しているが，あまり予測精度は良くない。目的変数に強い影響を及ぼしている説明変数は，標準回帰係数の大きい年齢と体表面積であることがわかる。さらにT値とF値（F値はT値を2乗）からその説明変数の影響力を統計的に検定できる。また偏相関係数は，目的変数と

ある説明変数の相関を他の変数の影響を取り除いて算出されたものである。

この例では，総頸動脈内径とSBP/DBPの間には単相関では，0.482とむしろ体表面積との相関0.141より強い相関がみられたが，SBP/DBPは年齢との相関がみられるため，偏相関係数では小さな値となっている。F値よりみるとSBP/DBPの総頸動脈内径に寄与する影響は比較的少なく，できるだけ少ない変数で効率よく予測を行いたいならばSBP/DBPを除いても良い。

この変数の取捨選択法には，変数選択法という手法がある。通常よく用いられる方法は，変数増加法と呼ばれるもので，説明変数のうち決定係数の増分が最も大きなものを，1つずつ重回帰式に入れていく方法である。逆にすべての説明変数をまず重回帰式に入れ，決定係数の減少が最も小さなものを1つずつ除いていく変数減少法や，両方の方法を組み合わせた増減法などもある。

§ 5・3　判別分析

例題 5・3　肥満者の中には，心臓病の危険因子を多くもっている人（高血圧，高脂血症，糖代謝障害を合併して multiple risk factor 症候群 MBS）と，これらの危険因子がない単純肥満者がみられる。肥満度を示すものとしてBMI（body mass index＝体重を身長の2乗で割った値）を用い，これと，胸部X線写真で横隔膜の高さの指数である肺部縦横径比（肺尖より横隔膜の高さを肺部最大横径で割った値）の2つの体格指数を用いて，**表44**のデータをもとに両級の判別関数を求めよ。

目的変数を群（カテゴリー）に分け，複数の説明変数との関係を分析し，判別モデル式を作成し，各サンプルがどの群に属するかを判別し，また判別の精度を求める方法が判別分析である。例えば，自分が心臓病ではないかと思い病院に行く人達の中には，狭心症のような心臓病である人もいれば，そうでない人もいる。このような人達の中からランダムにサンプルを

表 43　肥満者の体格指数

	一群（単純肥満）			二群（MRS・症候群）			
サンプル	年齢	胸部写真肺部縦横径比	BMI (kg/m²)	サンプル	年齢	胸部写真肺部縦横径比	BMI (kg/m²)
1	53	0.87	25.0	51	44	0.56	31.0
2	49	0.70	25.8	52	58	0.55	27.0
3	40	0.76	28.0	53	46	0.66	27.5
4	43	0.73	25.8	54	49	0.65	29.0
5	37	0.80	27.2	55	51	0.66	25.5
6	43	0.74	27.4	56	47	0.67	28.6
7	43	0.73	25.9	57	44	0.53	28.8
8	49	0.81	25.7	58	50	0.55	26.3
9	38	0.91	25.0	59	44	0.75	25.0
10	38	0.76	28.2	60	49	0.75	25.7
11	41	0.75	25.6	61	52	0.68	25.0
12	38	0.79	27.9	62	44	0.65	29.8
13	43	0.76	26.1	63	58	0.58	27.2
14	43	0.89	26.2	64	43	0.65	30.5
15	45	0.78	27.7	65	50	0.69	27.0
16	48	0.78	25.9	66	48	0.68	29.0
17	42	0.76	26.4	67	38	0.67	25.0
18	58	0.73	26.8	68	41	0.65	26.0
19	54	0.75	27.6	69	40	0.67	26.1
20	41	0.79	25.1	70	54	0.66	25.6
21	42	0.80	26.3	71	62	0.67	29.1
22	42	0.65	28.0	72	51	0.68	29.2
23	38	0.67	30.0	73	37	0.67	29.6
24	43	0.69	30.0	74	41	0.56	28.9
25	47	0.71	27.0	75	45	0.63	28.0
				76	51	0.65	27.0
				77	49	0.71	26.1

摘出して検査を行い，狭心症の有無を目的変数に検査結果を説明変数にとって，

$$判別得点 = (係数1) \times (検査値1) + (係数2) \times (検査値2) + (係数3) \times (検査値3) \cdots\cdots + (定数)$$

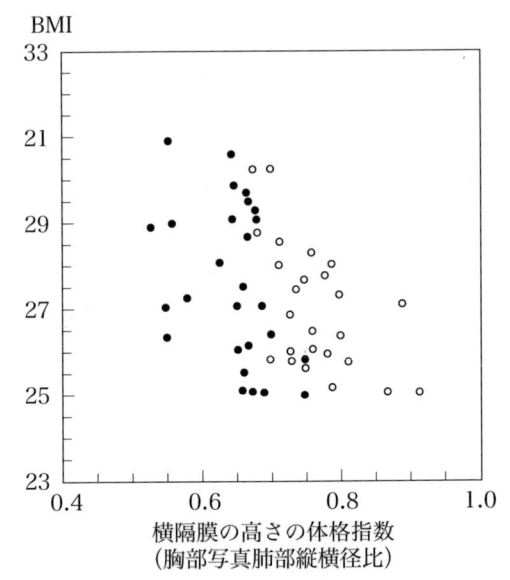

図31 BMIと横隔膜の高さの体格指数との関係
(●) 高血圧・高脂血症・耐糖能障害合併肥満者：2群
(○) これらを合併してない単純肥満者　　　：1群

のモデル式（線型判別関数）を求め，検査を適切に選べば，この判別得点の値で狭心症のグループか他のグループに所属するか決めることができる。ここでは，例題5・3のように単純化して説明変数が2個の例について判別関数を求めよう。

まず，胸部写真縦横径比を横軸にBMIを縦軸にとり，心臓病の危険因子を持った肥満者を黒丸で，単純肥満者を白丸でプロットしてみると（図31），BMIには差がみられないが，肺部縦横径比は危険因子を多く持った肥満者では小さい値を示していることがみられる。しかし，この指数のみでは黒丸と白丸を効率良く判別できない。

そこで，目的変数を黒丸群，白丸群とし，説明変数をBMIと肺部縦横径比として計算機によって判別関数を求めた。

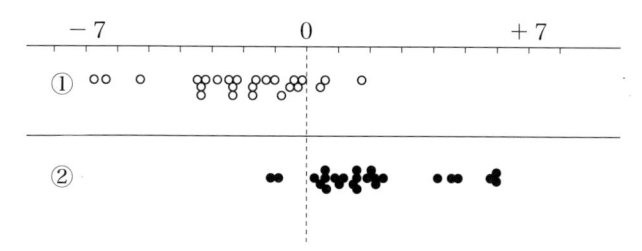

図 32 心臓病危険因子を有する肥満者(●)と単純肥満者(○)の判別得点

$$判別得点 = -36.1 \times (肺部縦横径比) - 0.30 \times (BMI) + 33.8$$

この式より各症例について図 32 に判別得点を示した。

ここで分割点をゼロとすると，52 例において心臓病危険因子合併肥満者は 27 例中 25 例正しく判別され，単純肥満者では 25 例中 22 例正しく判別されていた。この判別が正しく行われた割合は正診率または的中率ともよばれ，判別分析の妥当性の指標となる。この例では，52 例中 47 例が正しく判別されたので的中率は 90.4 % となる。この場合は判別関数を求めるのに使用した標本について的中率をみており，このようなチェックの方法は，内部チェックとよばれる。これに対して，まったく別のデータに対して判別関数を応用し，的中率を調べることは外部チェックとよばれ，このとき的中率が高ければ，その判別関数は極めて妥当性の高いものといえる。

判別分析には，このように判別関数式を用いる方法と，各々の群を正規母集団としたとき，各群の重心までの距離を調べる方法がある。詳細は省略するが，このとき用いる距離は我々が日常使っている距離ではなく，マハラノビスの汎距離を用い，各々のサンプルで，距離が最も近い群に属することで判定する。

また各変量が判別に寄与しているかどうかの検定は，線形判別関数の各係数がゼロと仮定したときの F_0 値を計算して，F 分布表より有意差を検定する方法や，重回帰分析と同様に各説明変数を標準化して，標準化判別

係数を求め，その大小を目安とする方法などがある。線形判別関数による判別は，2つの群の母分散，共分散行列が等しい場合に適用され，その検定法としてはボックスのM検定などが行われている。さらに，判別するグループの数が3以上の場合，重判別分析が利用でき，また説明変数がカテゴリからなる定性的な場合には数量化理論2類やロジスティック回帰分析などを用いることができる。

6 標本の選びかた

§6・1 調査または実験の目的の数

標本を選ぶ際に，まず考えねばならないことは，選ばれた標本を用いて行う調査または実験の目的は何であるかということを，きちっときめることである。この場合，なかなかできない調査または実験を行うのだからというので，欲ばって目的をたくさんつくるのはよくない。目的の数はできるだけ少なくして，できれば3つ以下にするのが好ましい。

§6・2 2つの標本の条件

われわれが行う統計学的検討のなかで最も利用するのは，平均値であれ，百分率であれ，2つの標本の比較の場合である。したがって2つの標本平均の比較を例題に用いて，説明しよう。いま，虫垂炎患者と健康者とについて，血液中のある値を比較するために，各標本の例数をそれぞれ何例か選ぶこととする。この場合，各標本の例数をそれぞれできるだけ多くしたいと，だれもが考える。それは，標本の例数の多いほうが少ない場合よりも，得られた結論がより信頼性が高いと考えるからである。しかし，ここで注意しなければならないことは，選ばれた標本が要求されている条件を十分に満たしているかどうかということである。それでは求められる2つの標本の条件とはどのようなものであろうか。

表44 虫垂炎患者と健康者の年齢別分布

	10代	20代	30代	40代	計
虫垂炎	20 (44.4%)	18 (54.5%)	10 (40.0%)	30 (46.1%)	78
健　康	25	15	15	35	90
計	45	33	25	65	168

1. 2つの標本の年齢，性

2つの標本について，年齢を10代　20代　30代，……と10歳間隔に分けて比較した場合，その年齢別の割合は等しくなくてはならない。たとえば，虫垂炎患者については，10代では20名，20代では18名，30代では10名，40代では30名，計78名選び，健康者については，10代では25名，20代では15名，30代では15名，40代では35名，計90名選んだとする(表42)。この2つの標本について年齢別の割合が等しいかどうかをみるには，いくつかの標本百分率の比較の方法（92頁参照）で検定すればよい。すなわち，

$$x^2 = \frac{168^2}{78 \times 90} \left(\frac{20^2}{45} + \frac{18^2}{33} + \frac{10^2}{25} + \frac{30^2}{65} - \frac{78^2}{168} \right)$$
$$= 1.33$$

となる。よって $x^2 < x_3^2(0.05) = 7.81$ であるから有意の差がないので，2つの標本の年齢別割合が等しいといえる。性については2つの標本は男女の割合が等しいことが望ましい。できれば男と女の例数を等しくする。

2. 標本の患者は同一病期のものであること

虫垂炎患者は，同一の病期のものを選ぶ。78名中，30名は初期のもので，残りの48名は穿孔性のものである，というような選び方をしてはいけない。どちらか病期を定めて同一の病期のものを選ぶことが必要である。

3. 健康者の条件

健康者についても健康の一定の規準を作り，それにあてはまるものを選ばなければいけない。健康の一定の規準とは，たとえば正常な血圧を有し，身長，体重が標準範囲内にあり，現在いかなる疾病にもかかっていないものをいう。さらに厳密な規準を設けるならば，上記の条件に，尿の検査に異常がなく，血液中の赤血球数，白血球数，血色素量が正常範囲内にあり，肝機能，血糖，血清脂質が正常で，貧血も有しないことなどを加えることが考えられる。

4. 対照として健康者以外のものを求める方法

ここでは虫垂炎と比較する対照者として健康者をあてているが，健康者でなくてもよい。比較する血液中のある値が変動しないことが明らかであって，虫垂炎と全く関係のない疾患，たとえば骨折または外傷などの患者を選んでもよい（整形外科の患者が用いられることが多い）。選ばれる患者は，どの疾患でも必ず同一病期のものを選ばなければならない。

§ 6・3 妥当な標本の例数

標本を選ぶ際は，前記の"求められる2つの標本の条件"を十分に満たしたものを選ばなくてはならない。したがってこのような標本を数多く集めることはむずかしいので，いわゆる少数例を用いての統計学的分析（推計学的分析）が行われるのである（例数の設計の方法は巻末157頁を参照されたい）。

1. 平均値の場合

標本の例数を多くすればするほど有意の差が出やすくなる。これを最も頻繁に利用される2つの標本平均の比較の場合の40例未満の例を用いて説

明しよう。

練習問題 1　A，Bをそれぞれ5名の標本について脈拍を測定したら次の結果を得た。両者に差が認められるか。

A	A-70	(A-70)²	B	B-70	(B-70)²
86	16	256	74	4	16
65	−5	25	85	15	225
72	2	4	89	19	361
62	−8	64	83	13	169
72	2	4	69	−1	1
	7	353		50	772

仮説：AとBの母分散は等しい。

不偏分散は

$$A では \frac{353-\frac{7^2}{5}}{4} = \frac{\frac{1765-49}{5}}{4} = 85.80$$

$$B では \frac{772-\frac{50^2}{5}}{4} = \frac{\frac{3860-2500}{5}}{4} = 68.00$$

となる。したがって不偏分散比は，

$$F = \frac{85.80}{68.00} = 1.26$$

となり，$F < F_4^4(0.025) = 9.60$ であるから有意の差がない。よって仮説は捨てられない。

仮説：AとBの母平均は等しい。

$$|t| = \frac{|1.40-10.00|}{\sqrt{343.20+272.00}} \times \sqrt{\frac{5\times 5\times (5+5-2)}{5+5}} = 1.51$$

となる。$|t| < t_8(0.05) = 2.306$ であるから有意の差はない。

練習問題 2　練習問題1のA，Bのそれぞれ5名の標本と全く等しい値をもつ5名を，A，Bの標本に加えていずれも10名にした場合について検定を行え。

仮説：AとBの母分散は等しい。
不偏分散は

$$A では \frac{706 - \frac{14^2}{10}}{9} = 76.26$$

$$B では \frac{1544 - \frac{100^2}{10}}{9} = 60.44$$

となる。したがって不偏分散比は

$$F = \frac{76.26}{60.44} = 1.26$$

となり，$F < F_9^9(0.025) = 4.03$ であるから有意の差がない。よって仮説は捨てられない。

仮説：AとBの母平均は等しい。

$$|t| = \frac{|1.40 - 10.00|}{\sqrt{686.40 + 544.00}} \times \sqrt{\frac{10 \times 10 \times (10 + 10 - 2)}{10 + 10}} = 2.32$$

となる。$|t| > t_{18}(0.05) = 2.101$ であるから有意の差を示し，仮説を捨てる。

すなわち，練習問題1では有意の差がないのに，その2倍の人数にした練習問題2では有意の差を示すのである。

さらに40例以上についても，本書の45頁の母平均と標本平均の比較のところの練習問題6および7に示すように，標本の例数が1,168名では有意の差を示すのに，その約1/10の100名にした場合には有意水準は31.7％となって有意の差がなくなるので，標本の例数の多少が検定に大きく影響することがわかる。

しかし，ここで示した例は人為的に作製したものである。実際には例数を多くすればするほど，有意の差が出やすくなるとは限らない。なぜならば例数を多くすると，各測定値間のばらつきを示す標準偏差が大となり，これが検定の計算に影響して有意の差が出にくくなる例がかなり存在するからである。

以上，いままで述べたいろいろな条件を考慮して妥当な例数を求めると，40例以上の例数を集められる場合は50〜100例が，40例未満の例数しか集

められないときは 10〜30 例が適当である。

2. 百分率の場合

百分率においては，平均値の場合以上に例数を多くすればするほど，有意の差が出やすくなる。これを最も頻繁に利用される 2 つの標本百分率の比較のところの例数が多い場合を用いて説明しよう。

めん類の嗜好性を 40 歳代と 20 歳代とで比較したのが**表 45** である。これの χ^2 検定の結果は $\chi^2=7.14$ となって有意水準 1 ％以下で有意の差がある（92 頁）。ところが，これのすべての値を 1/2 にして（**表 46**）検討すると，

$$\chi^2=\frac{(20\times75-30\times25)^2\times150}{45\times105\times100\times50}=3.57$$

となって有意の差を示さない。そして χ^2 の値は先の計 300 例の χ^2 の値の 1/2 となっていることがわかる。すなわち百分率の比較の場合は，各標本の

表 45　めん類の嗜好性についての 40 歳代と 20 歳代の比較

	めん類が好きな者	そうでない者	計
40 歳	40	60	100
20 歳	50	150	200
計	90	210	300

表 46　左表の数値の 50％ の値

	めん類が好きな者	そうでない者	計
40 歳	20	30	50
20 歳	25	75	100
計	45	105	150

特定性質をもつものの割合が等しい状態で，各標本の例数が増減するときは，その増減の割合と等しい割合で χ^2 の値も増減するのである。

以上述べたいろいろな条件を考慮すると，例数が多い場合は 100〜200 例が適当である。

3. 相関関係の場合

相関関係の場合も平均値や百分率の場合と同様に例数が多くなるほど，有意差を示しやすくなる。しかし，これらを実際に散布図として描いてみ

表47 相関係数と相関関係の強さ

相関係数	相関関係の強さ
0.7〜	強い順相関
0.4〜0.7	弱い順相関
−0.4〜0.4	相関なし
−0.7〜−0.4	弱い逆相関
〜−0.7	強い逆相関

（厚生統計協会：厚生統計ハンドブックより）

ると，グラフ用紙上にプロットされた点は，バラバラに散らばっていてどうみても相関関係があるとは考えられない。

一方厚生統計ハンドブックによれば表47に示す如く，標本相関係数が0.4〜0.7の時は弱い相関ありとしている。そこで標本相関係数＝0.4を示す自由度の値をそれぞれ18，28，40として相関係数の検定を式（4.3）によって行うと，自由度＝18では，t＝1.85となり有意差がなく，自由度＝28ではt＝2.30となり，有意水準5％で有意差を示し，自由度＝40ではt＝2.76となり有意水準1％で有意差を示した。よって30〜50例の例数を用いて求めた相関係数について統計学的検討を行う方法が最も妥当である。

7 公式と記号

　本書では，冒頭にも述べたように，公式にはほとんど記号を用いていないが，これを利用される諸氏が論文などを書かれる場合，公式が記号で書かれていないといろいろ不便を感じられることが多いのではないかと思い，ここに記号を併記し，本書の内容をまとめた。◎は比較的重要な公式を表わす。なお X_i は計量データを，N は例数を表す。$\sum$ は $\sum_{i=1}^{N}$ で各データの総和を示す。

◎　平均値 $= \dfrac{\text{各測定値の合計}}{\text{例数}}$ 　　　　　(1.1)，4頁

$$\bar{X} = \frac{\sum X_i}{N}$$

○　偏差平方和 $=$ (各測定値－平均値)^2 の合計

　　　　　　　$=$ (各測定値)^2 の合計 $- \dfrac{(\text{各測定値の合計})^2}{\text{例数}}$

　　　　　　　　　　　　　　　　　　　　　(1.2)，6頁

$$S = \sum (X_i - \bar{X})^2 = \sum (X_i^2 - 2 X_i \bar{X} - \bar{X}^2)$$
$$= \sum X_i^2 - 2 \bar{X} \sum X_i + \sum \bar{X}$$
$$= \sum X_i^2 - 2 \frac{(\sum X_i)^2}{N} + N \frac{(\sum X_i)^2}{N^2} = \sum X_i^2 - \frac{(\sum X_i)^2}{N}$$

○　偏差平方和 $=$ (各測定値)^2 の合計 $-$ 例数 $\times$ (平均値)^2　　(1.3)，6頁

7. 公式と記号　145

$$S = \sum X_i^2 - N\left(\frac{\sum X_i}{N}\right)^2 = \sum X_i^2 - N\bar{X}^2$$

◎ 分散＝$\dfrac{\text{偏差平方和}}{\text{例数}}$ 　　　　　　　　　(1.4)，6 頁

$$SD^2 = \frac{\sum(X_i - \bar{X})^2}{N} = \frac{S}{N}$$

◎ 標準偏差＝$\sqrt{\text{分散}} = \sqrt{\dfrac{\text{偏差平方和}}{\text{例数}}}$ 　(1.5)，7 頁

$$SD = \sqrt{SD^2} = \sqrt{\frac{S}{N}}$$

○ 変動係数＝$\dfrac{\text{標準偏差}}{\text{平均値}} \times 100$ 　　　　　(1.6)，8 頁

$$V = \frac{SD}{\bar{X}} \times 100$$

◎ 標準誤差＝$\dfrac{\text{標準偏差}}{\sqrt{\text{例数}}}$ 　　　　　　　(1.7)，9 頁

$$SE = \frac{SD}{\sqrt{N}}$$

○ 平均値＝(偏差欄の 0 の級の中央値)＋$\dfrac{(\text{度数}\times\text{偏差})\text{の欄の合計}}{\text{例数}}$

　　×級間隔　　　　　　　　　　　　　(1.8)，12 頁

$$\bar{X} = X_0 + \frac{\sum f \cdot d}{N} \times h$$

○ 標準偏差＝級間隔

$$\times \sqrt{\frac{[\text{度数}\times(\text{偏差})^2]\text{の合計}}{\text{例数}} - \left[\frac{(\text{度数}\times\text{偏差})\text{の合計}}{\text{例数}}\right]^2}$$

(1.9)，12 頁

7. 公式と記号

$$SD = h \times \sqrt{\frac{\sum f \cdot d^2}{N} - \left(\frac{\sum f \cdot d}{N}\right)^2}$$

○ 平均値＝仮の平均値＋級間隔×$\dfrac{\text{累積和1の合計}}{\text{例数}}$　　(1.10), 14頁

$$\bar{X} = \bar{X}' + h \times \frac{\sum_{cum} \cdot f \cdot _1}{N}$$

○ 標準偏差＝級間隔

$$\times \sqrt{\frac{2 \times \text{累積和2の合計} - \text{累積和1の合計}}{\text{例数}} - \left(\frac{\text{累積和1の合計}}{\text{例数}}\right)^2}$$

(1.11), 14頁

$$SD = h \times \sqrt{\frac{2 \times \sum_{cum} \cdot f \cdot _2 - \sum_{cum} \cdot f \cdot _1}{N} - \left(\frac{\sum_{cum} \cdot f \cdot _1}{N}\right)^2}$$

◎ 母平均の推定（$N \geq 40$）

$$\text{標本平均} - A \times \frac{\text{母標準偏差}}{\sqrt{\text{例数}}} < \text{母平均} < \text{標本平均} + A \times \frac{\text{母標準偏差}}{\sqrt{\text{例数}}}$$

(2.1), 30頁

$$\bar{X} - A\frac{\sigma}{\sqrt{N}} < \mu < \bar{X} + A\frac{\sigma}{\sqrt{N}}$$; A＝信頼度95％で1.96, 信頼度99％で2.58

◎ 不偏分散＝$\dfrac{\text{偏差平方和}}{\text{自由度}} = \dfrac{(\text{各測定値} - \text{標本平均})^2 \text{の合計}}{\text{自由度}}$

$$= \frac{(\text{各測定値})^2 \text{の合計} - \dfrac{(\text{各測定値の合計})^2}{\text{例数}}}{\text{自由度}}$$

(2.2), 32頁

$$u^2 = \frac{S}{N-1} = \frac{\sum (X_i - \bar{X})^2}{N-1}$$

$$= \frac{\sum X_i^2 - \dfrac{(\sum X_i)^2}{N}}{N-1}$$

◎ $t = \dfrac{標本平均 - 母平均}{\sqrt{\dfrac{不偏分散}{例数}}}$ 　　　　　　　　(2.3), 33頁

$= \dfrac{\bar{X} - \mu}{\dfrac{\sqrt{u^2}}{\sqrt{N}}}$

◎ 母平均の推定（N＜40）

標本平均 $- t \times \sqrt{\dfrac{不偏分散}{例数}} <$ 母平均 $<$ 標本平均 $+ t \times \sqrt{\dfrac{不偏分散}{例数}}$

　　　　　　　　　　　　　　　　　　　　(2.4), 34頁

$\bar{X} - t\sqrt{\dfrac{u^2}{N}} < \mu < \bar{X} + t\sqrt{\dfrac{u^2}{N}}$

◎ 母集団の正常範囲（N≧40）

標本平均 $-$ A $\times$ 母標準偏差 $<$ 母集団の正常範囲 $<$ 標本平均
　　　　$+$ A $\times$ 母標準偏差　　　　　　　(2.5), 37頁

$\bar{X} - A\sigma < R < \bar{X} + A\sigma$

　；A＝有意水準 5％では 1.96，1％では 2.58

◎ 母集団の正常範囲（N＜40）

標本平均 $- t \times \sqrt{\dfrac{(例数+1)}{例数} \times 不偏分散} <$ 母集団の正常範囲 $<$ 標本平均

　　　　　$+ t \times \sqrt{\dfrac{(例数+1)}{例数} \times 不偏分散}$ 　　　(2.5′), 38頁

$\bar{X} - t\sqrt{\dfrac{(N+1)}{N} u^2} < R < \bar{X} + t\sqrt{\dfrac{(N+1)}{N} u^2}$

○ スミルノフの棄却

T＝異常値−平均値/√分散　　　　　　　　(2.5″), 40頁

$T = X - \bar{X}/\sqrt{SD^2}$

○ 母平均と標本平均の比較（$N>40$）

$$x = \frac{標本平均 - 母平均}{\dfrac{母標準偏差}{\sqrt{例数}}}$$　　　　　　(2.6), 42頁

$$x = \frac{\bar{X} - \mu}{\dfrac{\sigma}{\sqrt{N}}}$$

◎ 対応のない2つの標本平均の比較

$N \geqq 40$ の場合

$$\frac{A の標本平均 - B の標本平均}{\sqrt{(A の標準誤差)^2 + (B の標準誤差)^2}} \geqq 2.58 \qquad (2.7), 52頁$$

$$\frac{\bar{X}_A - \bar{X}_B}{\sqrt{SE_A{}^2 + SE_B{}^2}} \geqq 2.58 \quad ; 2.58 は有意水準1\%$$

$N<40$，母分散が等しい場合

$$t = \frac{A の標本平均 - B の標本平均}{\sqrt{(共通分散の不偏推定量) \times \left(\dfrac{1}{A の例数} + \dfrac{1}{B の例数}\right)}}$$

(2.8), 56頁

ただし

$$共通分散の不偏推定量 = \frac{A の偏差平方和 + B の偏差平方和}{A の例数 + B の例数 - 2}$$

$$t = \frac{\bar{X}_A - \bar{X}_B}{\sqrt{W^2 \left(\dfrac{1}{N_A} + \dfrac{1}{N_B}\right)}}$$

ただし

$$W^2 = \frac{\sum(X_{Ai}-\bar{X}_A)^2 + \sum(X_{Bi}-\bar{X}_B)^2}{N_A+N_B-2}$$

式(2.8)を変形したもの

$$t = \frac{A \text{の標本平均} - B \text{の標本平均}}{\sqrt{A \text{の偏差平方和} + B \text{の偏差平方和}}} \times \sqrt{\frac{A \text{の例数} \times B \text{の例数} \times (A \text{の例数} + B \text{の例数} - 2)}{A \text{の例数} + B \text{の例数}}}$$

(2.8′), 56頁

$$t = \frac{\bar{X}_A - \bar{X}_B}{\sqrt{\sum(X_{Ai}-\bar{X}_A)^2 + \sum(X_{Bi}-\bar{X}_B)^2}} \times \sqrt{\frac{N_A N_B (N_A + N_B - 2)}{N_A + N_B}}$$

なお，等分散検定は

$$F = \frac{A \text{の不偏分散}}{B \text{の不偏分散}} \qquad \text{57頁}$$

$$F = \frac{U^2_A}{U^2_B}$$

○ 対応のない2つの標本平均の比較で $N<40$，母分散が異なる場合

$$|t| = \frac{|A \text{の標本平均} - B \text{の標本平均}|}{\sqrt{\dfrac{A \text{の不偏分散}}{A \text{の例数}} + \dfrac{B \text{の不偏分散}}{B \text{の例数}}}} \qquad (2.9), 63頁$$

$$|t| = \frac{|\bar{X}_A - \bar{X}_B|}{\sqrt{\dfrac{u_A^2}{N_A} + \dfrac{u_B^2}{N_B}}}$$

$$t = \frac{\dfrac{A \text{の不偏分散} \times t_A}{A \text{の例数}} + \dfrac{B \text{の不偏分散} \times t_B}{B \text{の例数}}}{\dfrac{A \text{の不偏分散}}{A \text{の例数}} + \dfrac{B \text{の不偏分散}}{B \text{の例数}}} \qquad (2.10), 63頁$$

$$t = \frac{\dfrac{u_A^2 \times t_A}{N_A} + \dfrac{u_B^2 \times t_B}{N_B}}{\dfrac{u_A^2}{N_A} + \dfrac{u_B^2}{N_B}}$$

◎ マン-ホイットニーの U 検定

○ (a) N_A または $N_B \leq 20$ の場合

$$U_A = A の例数 \times B の例数 + \frac{A の例数 \times (A の例数 + 1)}{2} - A の順位和$$

(2.11), 67 頁

$$U_B = A の例数 \times B の例数 + \frac{B の例数 \times (B の例数 + 1)}{2} - B の順位和$$

(2.12), 67 頁

U_A, U_B をくらべ小さい方の値で $U\left(\dfrac{下側 0.05}{2}\right)$ と比較する.

$$U_A = N_A \times N_B + \frac{N_A \times (N_A + 1)}{2} - R_A$$

$$U_B = N_A \times N_B + \frac{N_B \times (N_B + 1)}{2} - R_B$$

○ (b) N_A または $N_B > 20$ の場合

$$Z_0 = \frac{\left| U_0 - \dfrac{A の例数 \times B の例数}{2} \right| - \dfrac{1}{2}}{\sqrt{\dfrac{A の例数 \times B の例数 \times (A の例数 + B の例数 + 1)}{12}}}$$

(2.13), 68 頁

$$Z_0 = \frac{\left| U_0 - \dfrac{N_A \times N_B}{2} \right| - \dfrac{1}{2}}{\sqrt{\dfrac{N_A \times N_B \times (N_A + N_B + 1)}{12}}}$$

ただし標本のデータに同順位のものが多い時は次の公式を用いるとよい.

$$U_0 \text{の分散} = \frac{A \text{の例数} \times B \text{の例数} \times (A \text{の例数} + B \text{の例数} + 1)}{12}$$

$$- \frac{[\{(\text{同順位のデータの個数})^3 - (\text{同順位のデータの個数})\} \text{の合計}] \times A \text{の例数} \times B \text{の例数}}{12 \times (A \text{の例数} + B \text{の例数}) \times (A \text{の例数} + B \text{の例数} - 1)}$$

(2.14) 70頁

$$Z_0 = \frac{\left| U_0 - \frac{A \text{の例数} \times B \text{の例数}}{2} \right|}{\sqrt{U_0 \text{の分散}}}$$

(2.15) 70頁

$$U_{ov} = \frac{N_A \times N_B \times (N_A + N_B + 1)}{12} - \frac{\sum T \times N_A \times N_B}{12 \times (N_A + N_B) \times (N_A + N_B - 1)}$$

ただし $T = t^3 - t$

$$Z_0 = \frac{\left| U_0 - \frac{N_A \times N_B}{2} \right|}{\sqrt{U_{ov}}}$$

○ $\text{百分率の分散} = \dfrac{\text{百分率} \times (100 - \text{百分率})}{\text{例数}}$ (3.1), 77頁

$$SD^2 P' = \frac{P'(100 - P')}{N}$$

○ $\text{百分率の標準偏差} = \sqrt{\dfrac{\text{百分率} \times (100 - \text{百分率})}{\text{例数}}}$ (3.2), 78頁

$$SDP' = \sqrt{\frac{P'(100 - P')}{N}}$$

◎ 母百分率の推定（N が多い場合）

標本百分率 $- 1.96 \times$ 標本百分率の標準偏差 $<$ 母百分率

$< $ 標本百分率 $+ 1.96 \times$ 標本百分率の標準偏差

(3.3), 78頁

7. 公式と記号

$$P' - 1.96\sqrt{\frac{P'(100-P')}{N}} < P < P' + 1.96\sqrt{\frac{P'(100-P')}{N}}$$

○ 母百分率の推定（N が少ない場合）

$n_1 = 2 \times$(標本のなかで特定性質をもつものの例数$+1$)

$n_2 = 2 \times$(例数－標本のなかで特定性質をもつものの例数)

$$\text{上限} = \frac{n_1 \times F \text{ の値}}{n_2 + n_1 \times F \text{ の値}} \qquad (3.4), 80\text{ 頁}$$

$n_1 = 2(x+1)$, $n_2 = 2(N-x)$

$$\text{上限} = \frac{n_1 F{}^{n_1}_{n_2}(\alpha)}{n_2 + n_1 F{}^{n_1}_{n_2}(\alpha)}$$

$n_1 = 2 \times$(例数－標本のなかで特定性質をもつものの例数$+1$)

$n_2 = 2 \times$(標本のなかで特定性質をもつものの例数)

$$\text{下限} = 1 - \frac{n_1 \times F \text{ の値}}{n_2 + n_1 \times F \text{ の値}} \qquad (3.5), 80\text{ 頁}$$

$n_1 = 2(N-x+1)$, $n_2 = 2x$

$$\text{下限} = 1 - \frac{n_1 F{}^{n_1}_{n_2}(\alpha)}{n_2 + n_1 F{}^{n_1}_{n_2}(\alpha)}$$

○ 母百分率と標本百分率の比較（N が多い場合）

$$x = \frac{\text{標本百分率}-\text{母百分率}}{\text{母百分率の標準偏差}} \qquad (3.6), 82\text{ 頁}$$

$$x = \frac{P'-P}{\sqrt{\frac{P(100-P)}{N}}} \quad > 1.96\ (5\%)\ \text{または}\ 2.58\ (5\%\text{有意水準})$$

$$\frac{(\text{実測値}-\text{理論値})^2}{\text{理論値}} \text{ の和} \quad ; x^2\text{検定} \qquad (3.7), 83\text{ 頁}$$

$$\sum \frac{(O-T)^2}{T} \quad > x^2 \text{の値}$$

7. 公式と記号

○ 母百分率と標本百分率の比較（N が少ない場合）

$n_1 = 2 \times$（例数－標本のなかで特定性質をもつものの例数＋1）

$n_2 = 2 \times$（標本のなかで特定性質をもつものの例数）

$$F = \frac{n_2(100-\text{母百分率})}{n_1 \times \text{母百分率}}$$
(3.8), 88 頁

$n_1 = 2(N-x+1)$

$n_2 = 2x$

$$F = \frac{n_2(100-P)}{n_1 P} \quad > F^{n_1}_{n_2}\left(1-\frac{\alpha}{2}\right) \; ; \; \alpha \text{ は有意水準}$$

◎ 2つの標本百分率の比較（例数の多い場合）

$$x = \frac{\text{A の標本百分率} - \text{B の標本百分率}}{\sqrt{\left(\dfrac{1}{\text{A の例数}} + \dfrac{1}{\text{B の例数}}\right) \times \text{母百分率} \times (100-\text{母百分率})}}$$
(3.9), 90 頁

$$x = \frac{P'_A - P'_B}{\sqrt{\left(\dfrac{1}{N_A} + \dfrac{1}{N_B}\right)P(100-P)}}$$

○ 母百分率の推定値

$$= \frac{\text{A の特定性質をもつものの例数} + \text{B の特定性質をもつものの例数}}{\text{A の例数} + \text{B の例数}} \times 100$$
(3.10), 90 頁

$P \text{ の推定値} = \dfrac{x_A + x_B}{N_A + N_B} \times 100$

；これは正規分布による場合であるが，x^2 検定でも行うことができる。

◎ 2つの標本百分率の比較（例数が少ない場合）

対応がない場合はイエーツ（Yates）修正を行った x^2 検定を行う

94 頁

対応のある場合はマクニマー（McNemar）検定法を行う。

97頁

◎ いくつかの標本百分率の比較（組分けが2つの場合）

$$x^2 = \frac{N^2}{N_1 \times N_2} \left(\frac{(標本Aの特定性質をもつものの例数)^2}{標本Aの例数} + \cdots\cdots \right.$$
$$\left. + \frac{(標本Dの特定性質をもつものの例数)^2}{標本Dの例数} - \frac{N_1^2}{N} \right)$$

(3.13), 99頁

$$x^2 = \frac{N^2}{N_1 \cdot N_2} \left(\frac{x_A^2}{N_A} + \cdots\cdots + \frac{x_D^2}{N_D} - \frac{N_1^2}{N} \right)$$

◎ 相関係数の求め方

$$相関係数 = \frac{XYの平均 - (Xの平均) \times (Yの平均)}{\sqrt{[X^2の平均 - (Xの平均)^2] \times [Y^2の平均 - (Yの平均)^2]}}$$

(4.1), 106頁

$$r = \frac{\frac{\sum XY}{N} - \frac{\sum X}{N} \cdot \frac{\sum Y}{N}}{\sqrt{\left[\frac{\sum X^2}{N} - \left(\frac{\sum X}{N}\right)^2\right]\left[\frac{\sum Y^2}{N} - \left(\frac{\sum Y}{N}\right)^2\right]}}$$

◎ 相関係数の検定（N＜50）

$$Z = \frac{1}{2} \ln \frac{1 + 相関係数}{1 - 相関係数}$$

(4.2), 109頁

$$Z = \frac{1}{2} \ln \frac{1+r}{1-r}$$

$$t = \frac{相関係数 \times \sqrt{例数 - 2}}{\sqrt{1 - (相関係数)^2}}$$

(4.3), 109頁

$$t = \frac{r\sqrt{N-2}}{\sqrt{1-r^2}}$$

相関係数の検定（$N \geq 50$, $|r| < 0.75$）

7. 公式と記号　155

$$Z_0 = \frac{相関係数}{1-(相関係数)^2} \times \sqrt{例数 - 1} \qquad (4.4),\ 110\ 頁$$

$$Z_0 = \frac{r}{1-r^2} \cdot \sqrt{N-1}$$

相関係数の検定（$|r| \geqq 0.75$）

$$Z_0 = Z \times \sqrt{例数 - 3} \qquad (4.5),\ 110\ 頁$$

$$Z_0 = Z\sqrt{N-3}$$

◎ 2つの相関係数の比較

$$Z_0 = \frac{Z_A - Z_B}{\sqrt{\dfrac{1}{A\,の例数 - 3} + \dfrac{1}{B\,の例数 - 3}}} \qquad (4.6),\ 112\ 頁$$

$$Z_0 = \frac{Z_A - Z_B}{\sqrt{\dfrac{1}{N_A - 3} + \dfrac{1}{N_B - 3}}} \quad Z_A,\ Z_B は (4.2) 式を用いる$$

○ スピアマン（Spearman）の順位相関係数の検定

$$順位相関係数 = 1 - \frac{6 \times (各標本につけられた順位の差を2乗して合計した数)}{例数 \times [(例数)^2 - 1]}$$

$$(4.7),\ 117\ 頁$$

$$\xi = 1 - \frac{6\sum d^2}{N(N^2-1)}$$

7. 公式と記号

◎ 独立2群の差の検定（対応のない場合）

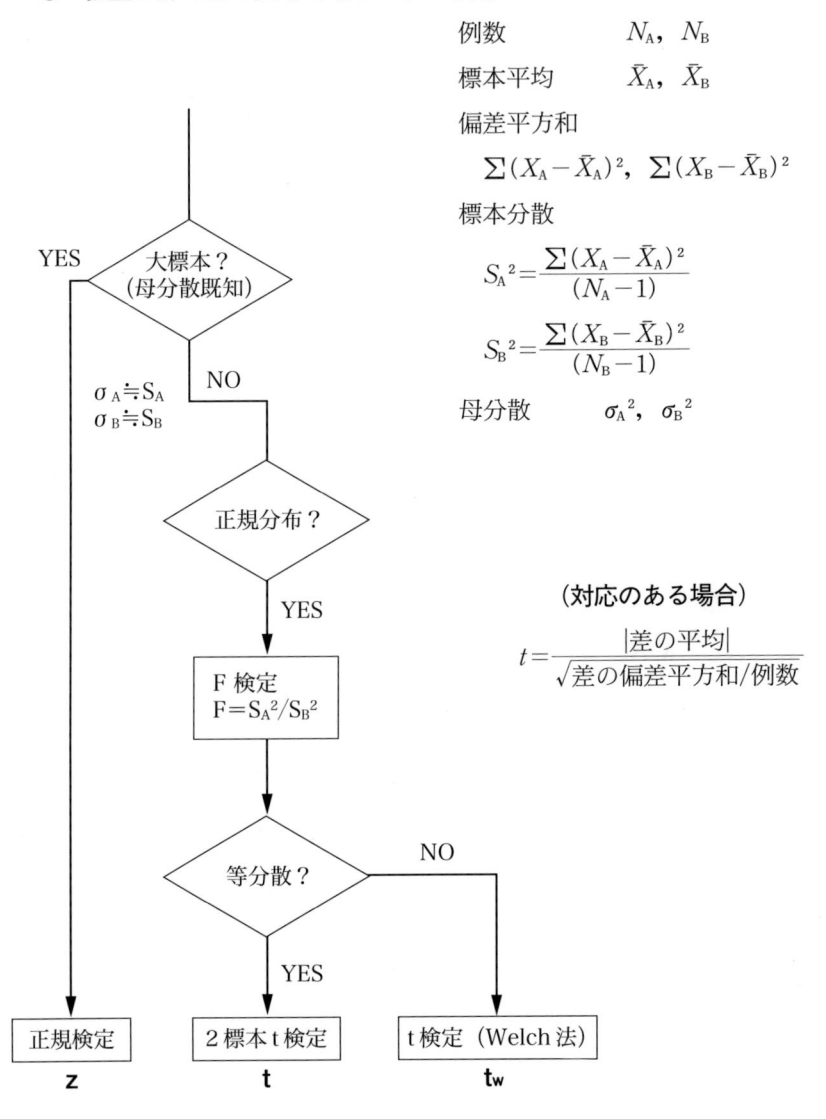

例数　　　N_A, N_B

標本平均　　$\bar{X}_A$, $\bar{X}_B$

偏差平方和
$$\sum(X_A-\bar{X}_A)^2,\ \sum(X_B-\bar{X}_B)^2$$

標本分散
$$S_A{}^2=\frac{\sum(X_A-\bar{X}_A)^2}{(N_A-1)}$$
$$S_B{}^2=\frac{\sum(X_B-\bar{X}_B)^2}{(N_B-1)}$$

母分散　　　$\sigma_A{}^2$, $\sigma_B{}^2$

```
                大標本？
         YES ──（母分散既知）
          │          │ NO
  σ_A≒S_A │          ↓
  σ_B≒S_B │       正規分布？
          │          │ YES
          │          ↓
          │       F検定
          │    F=S_A²/S_B²
          │          │
          │          ↓
          │       等分散？ ── NO
          │          │ YES      │
          ↓          ↓          ↓
        正規検定  2標本t検定  t検定（Welch法）
          z         t          t_w
```

（対応のある場合）
$$t=\frac{|\text{差の平均}|}{\sqrt{\text{差の偏差平方和}/\text{例数}}}$$

7. 公式と記号

$$z = \frac{\bar{X}_A - \bar{X}_B}{\sqrt{\dfrac{\sigma_A^2}{N_A} + \dfrac{\sigma_B^2}{N_B}}}$$

(2.7 式)

$$t = \frac{\bar{X}_A - \bar{X}_B}{\sqrt{W^2\left(\dfrac{1}{N_A} + \dfrac{1}{N_B}\right)}}$$

$$W^2 = \frac{(N_A - 1)S_A^2 + (N_B - 1)S_B^2}{N_A + N_B - 2}$$

(2.8 式)

t 分布表にて検定
自由度 $(df) = N_A + N_B - 2$

$$t_W = \frac{\bar{X}_A - \bar{X}_B}{\sqrt{\left(\dfrac{S_A^2}{N_A} + \dfrac{S_B^2}{N_B}\right)}}$$

(2.9 式)

判別 t 値 =

$$\frac{\dfrac{S_A^2 \times t_A}{N_A} + \dfrac{S_B^2 \times t_B}{N_B}}{\dfrac{S_A^2}{N_A} + \dfrac{S_B^2}{N_B}}$$

$t_A = (N_A - 1)$ の t 分布
　表の有意水準

$t_B = (N_B - 1)$ の t 分布
　表の有意水準

(2.10 式)

または

$$df = \frac{\dfrac{S_A^2}{N_A} + \dfrac{S_B^2}{N_B}}{\dfrac{(S_A^2/N_A)^2}{N_A - 1} + \dfrac{(S_B^2/N_B)^2}{N_B - 1}} \text{ の t 値}$$

$df = $ 自由度

◎ 例数設計

N＝目標例数

$Z_{a/2}$＝第一種過誤（5％では1.96）；検定の有意水準

Z_B＝第二種過誤（20％では0.84）；有意差を見逃す確率

SD＝標準偏差（ばらつきの大きさ）

△＝予想される差（検出する価値がある差）

$$N = 2\{Z_{a/2} + Z_B\}^2 \cdot SD^2 / \triangle^2$$

付表 1 正規分布表

A	0.00	0.01	0.02	0.03	0.04	0.05	0.06	0.07	0.08	0.09
0.0	.0000	.0040	.0080	.0120	.0160	.0199	.0239	.0279	.0319	.0359
0.1	.0398	.0438	.0478	.0517	.0557	.0596	.0636	.0675	.0714	.0753
0.2	.0793	.0832	.0871	.0910	.0948	.0987	.1026	.1064	.1103	.1141
0.3	.1179	.1217	.1255	.1293	.1331	.1368	.1406	.1443	.1480	.1517
0.4	.1554	.1591	.1628	.1664	.1700	.1736	.1772	.1808	.1844	.1879
0.5	.1915	.1950	.1985	.2019	.2054	.2088	.2123	.2157	.2190	.2224
0.6	.2257	.2291	.2324	.2357	.2389	.2422	.2454	.2486	.2517	.2549
0.7	.2580	.2611	.2642	.2673	.2704	.2734	.2764	.2794	.2823	.2852
0.8	.2881	.2910	.2939	.2967	.2995	.3023	.3051	.3078	.3106	.3133
0.9	.3159	.3186	.3212	.3238	.3264	.3289	.3315	.3340	.3365	.3389
1.0	.3413	.3438	.3461	.3485	.3508	.3531	.3554	.3577	.3599	.3621
1.1	.3643	.3665	.3686	.3708	.3729	.3749	.3770	.3790	.3810	.3830
1.2	.3849	.3869	.3888	.3907	.3925	.3944	.3962	.3980	.3997	.4015
1.3	.4032	.4049	.4066	.4082	.4099	.4115	.4131	.4147	.4162	.4177
1.4	.4192	.4207	.4222	.4236	.4251	.4265	.4279	.4292	.4306	.4319
1.5	.4332	.4345	.4357	.4370	.4382	.4394	.4406	.4418	.4429	.4441
1.6	.4452	.4463	.4474	.4484	.4495	.4505	.4515	.4525	.4535	.4545
1.7	.4554	.4564	.4573	.4582	.4591	.4599	.4608	.4616	.4625	.4633
1.8	.4641	.4649	.4656	.4664	.4671	.4678	.4686	.4693	.4699	.4706
1.9	.4713	.4719	.4726	.4732	.4738	.4744	.4750	.4756	.4761	.4767
2.0	.4772	.4778	.4783	.4788	.4793	.4798	.4803	.4808	.4812	.4817
2.1	.4821	.4826	.4830	.4834	.4838	.4842	.4846	.4850	.4854	.4857
2.2	.4861	.4864	.4868	.4871	.4875	.4878	.4881	.4884	.4887	.4890
2.3	.4893	.4896	.4898	.4901	.4904	.4906	.4909	.4911	.4913	.4916
2.4	.4918	.4920	.4922	.4925	.4927	.4929	.4931	.4932	.4934	.4936
2.5	.4938	.4940	.4941	.4943	.4945	.4946	.4948	.4949	.4951	.4952
2.6	.4953	.4955	.4956	.4957	.4959	.4960	.4961	.4962	.4963	.4964
2.7	.4965	.4966	.4967	.4968	.4969	.4970	.4971	.4972	.4973	.4974
2.8	.4974	.4975	.4976	.4977	.4977	.4978	.4979	.4979	.4980	.4981
2.9	.4981	.4982	.4982	.4983	.4984	.4984	.4985	.4985	.4986	.4986
3.0	.4987	.4987	.4987	.4988	.4988	.4989	.4989	.4989	.4990	.4990
3.1	.4990	.4991	.4991	.4991	.4992	.4992	.4992	.4992	.4993	.4993

付表 2 t 分布表

自由度 \ α	0.10	.05	.02	.01	.001
1	6.314	12.706	31.821	63.657	636.619
2	2.920	4.303	6.965	9.925	31.599
3	2.353	3.182	4.541	5.841	12.924
4	2.132	2.776	3.747	4.604	8.610
5	2.015	2.571	3.365	4.032	6.869
6	1.943	2.447	3.143	3.707	5.959
7	1.895	2.365	2.998	3.499	5.408
8	1.860	2.306	2.896	3.355	5.041
9	1.833	2.262	2.821	3.250	4.781
10	1.812	2.228	2.764	3.169	4.587
11	1.796	2.201	2.718	3.106	4.437
12	1.782	2.179	2.681	3.055	4.318
13	1.771	2.160	2.650	3.012	4.221
14	1.761	2.145	2.624	2.977	4.140
15	1.753	2.131	2.602	2.947	4.073
16	1.746	2.120	2.583	2.921	4.015
17	1.740	2.110	2.567	2.898	3.965
18	1.734	2.101	2.552	2.878	3.922
19	1.729	2.093	2.539	2.861	3.883
20	1.725	2.086	2.528	2.845	3.850
21	1.721	2.080	2.518	2.831	3.819
22	1.717	2.074	2.508	2.819	3.792
23	1.714	2.069	2.500	2.807	3.768
24	1.711	2.064	2.492	2.797	3.745
25	1.708	2.060	2.485	2.787	3.725
26	1.706	2.056	2.479	2.779	3.707
27	1.703	2.052	2.473	2.771	3.690
28	1.701	2.048	2.467	2.763	3.674
29	1.699	2.045	2.462	2.756	3.659
30	1.697	2.042	2.457	2.750	3.646
40	1.684	2.021	2.423	2.704	3.551
60	1.671	2.000	2.390	2.660	3.460
120	1.658	1.980	2.358	2.617	3.373
∞	1.645	1.960	2.326	2.576	3.291

付表3　χ^2 分布表

自由度 \ α	0.995	0.99	0.975	0.95	0.90	0.10	0.05	0.025	0.01	0.005
1	0.000	0.000	0.001	0.004	0.016	2.71	3.84	5.02	6.63	7.88
2	0.010	0.020	0.051	0.103	0.211	4.61	5.99	7.38	9.21	10.60
3	0.072	0.115	0.216	0.352	0.584	6.25	7.81	9.35	11.34	12.84
4	0.207	0.297	0.484	0.711	1.064	7.78	9.49	11.14	13.28	14.86
5	0.412	0.554	0.831	1.145	1.610	9.24	11.07	12.83	15.09	16.75
6	0.676	0.872	1.237	1.635	2.20	10.64	12.59	14.45	16.81	18.55
7	0.989	1.239	1.690	2.17	2.83	12.02	14.07	16.01	18.48	20.3
8	1.344	1.646	2.18	2.73	3.49	13.36	15.51	17.53	20.1	22.0
9	1.735	2.09	2.70	3.33	4.17	14.68	16.92	19.02	21.7	23.6
10	2.16	2.56	3.25	3.94	4.87	15.99	18.31	20.5	23.2	25.2
11	2.60	3.05	3.82	4.57	5.58	17.28	19.68	21.9	24.7	26.8
12	3.07	3.57	4.40	5.23	6.30	18.55	21.0	23.3	26.2	28.3
13	3.57	4.11	5.01	5.89	7.04	19.81	22.4	24.7	27.7	29.8
14	4.07	4.66	5.63	6.57	7.79	21.1	23.7	26.1	29.1	31.3
15	4.60	5.23	6.26	7.26	8.55	22.3	25.0	27.5	30.6	32.8
16	5.14	5.81	6.91	7.96	9.31	23.5	26.3	28.8	32.0	34.3
17	5.70	6.41	7.56	8.67	10.09	24.8	27.6	30.2	33.4	35.7
18	6.26	7.01	8.23	9.39	10.86	26.0	28.9	31.5	34.8	37.2
19	6.84	7.63	8.91	10.12	11.65	27.2	30.1	32.9	36.2	38.6
20	7.43	8.26	9.59	10.85	12.44	28.4	31.4	34.2	37.6	40.0
21	8.03	8.90	10.28	11.59	13.24	29.6	32.7	35.5	38.9	41.4
22	8.64	9.54	10.98	12.34	14.04	30.8	33.9	36.8	40.3	42.8
23	9.26	10.20	11.69	13.09	14.85	32.0	35.2	38.1	41.6	44.2
24	9.89	10.86	12.40	13.85	15.66	33.2	36.4	39.4	43.0	45.6
25	10.52	11.52	13.12	14.61	16.47	34.4	37.7	40.6	44.3	46.9
26	11.16	12.20	13.84	15.38	17.29	35.6	38.9	41.9	45.6	48.3
27	11.81	12.88	14.57	16.15	18.11	36.7	40.1	43.2	47.0	49.6
28	12.46	13.56	15.31	16.93	18.94	37.9	41.3	44.5	48.3	51.0
29	13.12	14.26	16.05	17.71	19.77	39.1	42.6	45.7	49.6	52.3
30	13.79	14.95	16.79	18.49	20.6	40.3	43.8	47.0	50.9	53.7

付表4 F分布表（5％）(1)

自由度2 \ 自由度1	1	2	3	4	5	6	7	8	9
1	161.448	199.500	215.707	224.583	230.162	233.986	236.768	238.883	240.543
2	18.513	19.000	19.164	19.247	19.296	19.330	19.353	19.371	19.385
3	10.128	9.552	9.277	9.117	9.013	8.941	8.887	8.845	8.812
4	7.709	6.944	6.591	6.388	6.256	6.163	6.094	6.041	5.999
5	6.608	5.786	5.409	5.192	5.050	4.950	4.876	4.818	4.772
6	5.987	5.143	4.757	4.534	4.387	4.284	4.207	4.147	4.099
7	5.591	4.737	4.347	4.120	3.972	3.866	3.787	3.726	3.677
8	5.318	4.459	4.066	3.838	3.687	3.581	3.500	3.438	3.388
9	5.117	4.256	3.863	3.633	3.482	3.374	3.293	3.230	3.179
10	4.965	4.103	3.708	3.478	3.326	3.217	3.135	3.072	3.020
11	4.844	3.982	3.587	3.357	3.204	3.095	3.012	2.948	2.896
12	4.747	3.885	3.490	3.259	3.106	2.996	2.913	2.849	2.796
13	4.667	3.806	3.411	3.179	3.025	2.915	2.832	2.767	2.714
14	4.600	3.739	3.344	3.112	2.958	2.848	2.764	2.699	2.646
15	4.543	3.682	3.287	3.056	2.901	2.790	2.707	2.641	2.588
16	4.494	3.634	3.239	3.007	2.852	2.741	2.657	2.591	2.538
17	4.451	3.592	3.197	2.965	2.810	2.699	2.614	2.548	2.494
18	4.414	3.555	3.160	2.928	2.773	2.661	2.577	2.510	2.456
19	4.381	3.522	3.127	2.895	2.740	2.628	2.544	2.477	2.423
20	4.351	3.493	3.098	2.866	2.711	2.599	2.514	2.447	2.393
21	4.325	3.467	3.072	2.840	2.685	2.573	2.488	2.420	2.366
22	4.301	3.443	3.049	2.817	2.661	2.549	2.464	2.397	2.342
23	4.279	3.422	3.028	2.796	2.640	2.528	2.442	2.375	2.320
24	4.260	3.403	3.009	2.776	2.621	2.508	2.423	2.355	2.300
25	4.242	3.385	2.991	2.759	2.603	2.490	2.405	2.337	2.282
26	4.225	3.369	2.975	2.743	2.587	2.474	2.388	2.321	2.265

27	4.210	3.354	2.960	2.728	2.572	2.459	2.373	2.305	2.250
28	4.196	3.340	2.947	2.714	2.558	2.445	2.359	2.291	2.236
29	4.183	3.328	2.934	2.701	2.545	2.432	2.346	2.278	2.223
30	4.171	3.316	2.922	2.690	2.534	2.421	2.334	2.266	2.211
31	4.160	3.305	2.911	2.679	2.523	2.409	2.323	2.255	2.199
32	4.149	3.295	2.901	2.668	2.512	2.399	2.313	2.244	2.189
33	4.139	3.285	2.892	2.659	2.503	2.389	2.303	2.235	2.179
34	4.130	3.276	2.883	2.650	2.494	2.380	2.294	2.225	2.170
35	4.121	3.267	2.874	2.641	2.485	2.372	2.285	2.217	2.161
36	4.113	3.259	2.866	2.634	2.477	2.364	2.277	2.209	2.153
37	4.105	3.252	2.859	2.626	2.470	2.356	2.270	2.201	2.145
38	4.098	3.245	2.852	2.619	2.463	2.349	2.262	2.194	2.138
39	4.091	3.238	2.845	2.612	2.456	2.342	2.255	2.187	2.131
40	4.085	3.232	2.839	2.606	2.449	2.336	2.249	2.180	2.124
41	4.079	3.226	2.833	2.600	2.443	2.330	2.243	2.174	2.118
42	4.073	3.220	2.827	2.594	2.438	2.324	2.237	2.168	2.112
43	4.067	3.214	2.822	2.589	2.432	2.318	2.232	2.163	2.106
44	4.062	3.209	2.816	2.584	2.427	2.313	2.226	2.157	2.101
45	4.057	3.204	2.812	2.579	2.422	2.308	2.221	2.152	2.096
46	4.052	3.200	2.807	2.574	2.417	2.304	2.216	2.147	2.091
47	4.047	3.195	2.802	2.570	2.413	2.299	2.212	2.143	2.086
48	4.043	3.191	2.798	2.565	2.409	2.295	2.207	2.138	2.082
49	4.038	3.187	2.794	2.561	2.404	2.290	2.203	2.134	2.077
50	4.034	3.183	2.790	2.557	2.400	2.286	2.199	2.130	2.073
60	4.001	3.150	2.658	2.525	2.368	2.254	2.167	2.097	2.040
80	3.960	3.111	2.719	2.486	2.329	2.124	2.126	2.056	1.999
120	3.920	3.072	2.680	2.447	2.290	2.175	2.087	2.016	1.959
240	3.880	3.033	2.642	2.409	2.252	2.136	2.048	1.977	1.919
∞	3.841	2.996	2.605	2.372	2.214	2.099	2.010	1.938	1.880

(付表4〜9は高木廣文『ナースのための統計学』医学書院より引用)

付表 5　F 分布表（5％）(2)

自由度2 \ 自由度1	10	12	15	20	24	30	40	60	120	∞
1	241.882	243.906	245.950	248.013	249.052	250.095	251.143	252.196	253.253	254.314
2	19.396	19.413	19.429	19.446	19.454	19.462	19.471	19.479	19.487	19.496
3	8.786	8.745	8.703	8.660	8.639	8.617	8.594	8.572	8.549	8.526
4	5.964	5.912	5.858	5.803	5.774	5.746	5.717	5.688	5.658	5.628
5	4.735	4.678	4.619	4.558	4.527	4.496	4.464	4.431	4.398	4.365
6	4.060	4.000	3.938	3.874	3.841	3.808	3.774	3.740	3.705	3.669
7	3.637	3.575	3.511	3.445	3.410	3.376	3.340	3.304	3.267	3.230
8	3.347	3.284	3.218	3.150	3.115	3.079	3.043	3.005	2.967	2.928
9	3.137	3.073	3.006	2.936	2.900	2.864	2.826	2.787	2.748	2.707
10	2.978	2.913	2.845	2.774	2.737	2.700	2.661	2.621	2.580	2.538
11	2.854	2.788	2.719	2.646	2.609	2.570	2.531	2.490	2.448	2.404
12	2.753	2.687	2.617	2.544	2.505	2.466	2.426	2.384	2.341	2.296
13	2.671	2.604	2.533	2.459	2.420	2.380	2.339	2.297	2.252	2.206
14	2.602	2.534	2.463	2.388	2.349	2.308	2.266	2.223	2.178	2.131
15	2.544	2.475	2.403	2.328	2.288	2.247	2.204	2.160	2.114	2.066
16	2.494	2.425	2.352	2.276	2.235	2.194	2.151	2.106	2.059	2.010
17	2.450	2.381	2.308	2.230	2.190	2.148	2.104	2.058	2.011	1.960
18	2.412	2.342	2.269	2.191	2.150	2.107	2.063	2.017	1.968	1.917
19	2.378	2.308	2.234	2.155	2.114	2.071	2.026	1.980	1.930	1.878
20	2.348	2.278	2.203	2.124	2.082	2.039	1.994	1.946	1.896	1.843
21	2.321	2.250	2.176	2.096	2.054	2.010	1.965	1.916	1.866	1.812
22	2.297	2.226	2.151	2.071	2.028	1.984	1.938	1.889	1.838	1.783
23	2.275	2.204	2.128	2.048	2.005	1.961	1.914	1.865	1.813	1.757
24	2.255	2.183	2.108	2.027	1.984	1.939	1.892	1.842	1.790	1.733
25	2.236	2.165	2.089	2.007	1.964	1.919	1.872	1.822	1.768	1.711
26	2.220	2.148	2.072	1.990	1.946	1.901	1.853	1.803	1.749	1.691

27	2.204	2.132	2.056	1.974	1.930	1.884	1.836	1.785	1.731	1.672
28	2.190	2.118	2.041	1.959	1.915	1.869	1.820	1.769	1.714	1.654
29	2.177	2.104	2.027	1.945	1.901	1.854	1.806	1.754	1.698	1.638
30	2.165	2.092	2.015	1.932	1.887	1.841	1.792	1.740	1.683	1.622
31	2.153	2.080	2.003	1.920	1.875	1.828	1.779	1.726	1.670	1.608
32	2.142	2.070	1.992	1.908	1.864	1.817	1.767	1.714	1.657	1.594
33	2.133	2.060	1.982	1.898	1.853	1.806	1.756	1.702	1.645	1.581
34	2.123	2.050	1.972	1.888	1.843	1.795	1.745	1.691	1.633	1.569
35	2.114	2.041	1.963	1.878	1.833	1.786	1.735	1.681	1.623	1.558
36	2.106	2.033	1.954	1.870	1.824	1.776	1.726	1.671	1.612	1.547
37	2.098	2.025	1.946	1.861	1.816	1.768	1.717	1.662	1.603	1.537
38	2.091	2.017	1.939	1.853	1.808	1.760	1.708	1.653	1.594	1.527
39	2.084	2.010	1.931	1.846	1.800	1.752	1.700	1.645	1.585	1.518
40	2.077	2.003	1.924	1.839	1.793	1.744	1.693	1.637	1.577	1.509
41	2.071	1.997	1.918	1.832	1.786	1.737	1.686	1.630	1.569	1.500
42	2.065	1.991	1.912	1.826	1.780	1.731	1.679	1.623	1.561	1.492
43	2.059	1.985	1.906	1.820	1.773	1.724	1.672	1.616	1.554	1.485
44	2.054	1.980	1.900	1.814	1.767	1.718	1.666	1.609	1.547	1.477
45	2.049	1.974	1.895	1.808	1.762	1.713	1.660	1.603	1.541	1.470
46	2.044	1.969	1.890	1.803	1.756	1.707	1.654	1.597	1.534	1.463
47	2.039	1.965	1.885	1.798	1.751	1.702	1.649	1.591	1.528	1.457
48	2.035	1.960	1.880	1.793	1.746	1.697	1.644	1.586	1.522	1.450
49	2.030	1.956	1.876	1.789	1.742	1.692	1.639	1.581	1.517	1.444
50	2.026	1.952	1.871	1.784	1.737	1.687	1.634	1.576	1.511	1.438
60	1.993	1.917	1.836	1.748	1.700	1.649	1.594	1.534	1.467	1.389
80	1.951	1.875	1.793	1.703	1.654	1.602	1.545	1.482	1.411	1.325
120	1.910	1.834	1.750	1.659	1.608	1.554	1.495	1.429	1.352	1.254
240	1.870	1.793	1.708	1.614	1.563	1.507	1.445	1.375	1.290	1.170
∞	1.831	1.752	1.666	1.571	1.517	1.459	1.394	1.318	1.221	1.000

付表 6 F 分布表 (2.5%) (1)

自由度 2 \ 自由度 1	1	2	3	4	5	6	7	8	9
1	647.789	799.500	864.163	899.583	921.848	937.111	948.217	956.656	963.285
2	38.506	39.000	39.165	39.248	39.298	39.331	39.355	39.373	39.387
3	17.443	16.044	15.439	15.101	14.885	14.735	14.624	14.540	14.473
4	12.218	10.649	9.979	9.605	9.364	9.197	9.074	8.980	8.905
5	10.007	8.434	7.764	7.388	7.146	6.978	6.853	6.757	6.681
6	8.813	7.260	6.599	6.227	5.988	5.820	5.695	5.600	5.523
7	8.073	6.542	5.890	5.523	5.285	5.119	4.995	4.899	4.823
8	7.571	6.059	5.416	5.053	4.817	4.652	4.529	4.433	4.357
9	7.209	5.715	5.078	4.718	4.484	4.320	4.197	1.102	4.026
10	6.937	5.456	4.826	4.468	4.236	4.072	3.950	3.855	3.779
11	6.724	5.256	4.630	4.275	4.044	3.881	3.759	3.664	3.588
12	6.554	5.096	4.474	4.121	3.891	3.728	3.607	3.512	3.436
13	6.414	4.965	4.347	3.996	3.767	3.604	3.483	3.388	3.312
14	6.298	4.857	4.242	3.892	3.663	3.501	3.380	3.285	3.209
15	6.200	4.765	4.153	3.804	3.576	3.415	3.293	3.199	3.123
16	6.115	4.687	4.077	3.729	3.502	3.341	3.219	3.125	3.049
17	6.042	4.619	4.011	3.665	3.438	3.277	3.156	3.061	3.985
18	5.978	4.560	3.954	3.608	3.382	3.221	3.100	3.005	2.929
19	5.922	4.508	3.903	3.559	3.333	3.172	3.051	2.956	2.880
20	5.871	4.461	3.859	3.515	3.289	3.128	3.007	2.913	2.837
21	5.827	4.420	3.819	3.475	3.250	3.090	2.969	2.874	2.798
22	5.786	4.383	3.783	3.440	3.215	3.055	2.934	2.839	2.763
23	5.750	4.349	3.750	3.408	3.183	3.023	2.902	2.808	2.731
24	5.717	4.319	3.721	3.379	3.155	2.995	2.874	2.779	2.703
25	5.686	4.291	3.694	3.353	3.129	2.969	2.848	2.753	2.677
26	5.659	4.265	3.670	3.329	3.105	2.945	2.824	2.729	2.653
27	5.633	4.242	3.647	3.307	3.083	2.923	2.802	2.707	2.631

165

df									
28	5.610	4.221	3.626	3.286	3.063	2.903	2.782	2.687	2.611
29	5.588	4.201	3.607	3.267	3.044	2.884	2.763	2.669	2.592
30	5.568	4.182	3.589	3.250	3.026	2.867	2.746	2.651	2.575
31	5.549	4.165	3.573	3.234	3.010	2.851	2.730	2.635	2.558
32	5.531	4.149	3.557	3.218	2.995	2.836	2.715	2.620	2.543
33	5.515	4.134	3.543	3.204	2.981	2.822	2.701	2.606	2.529
34	5.499	4.120	3.529	3.191	2.968	2.808	2.688	2.593	2.516
35	5.485	4.106	3.517	3.168	2.956	2.796	2.676	2.581	2.504
36	5.471	4.094	3.505	3.167	2.944	2.785	2.664	2.569	2.492
37	5.458	4.082	3.493	3.156	2.933	2.774	2.653	2.558	2.481
38	5.446	4.071	3.483	3.145	2.923	2.763	2.643	2.548	2.471
39	5.435	4.061	3.473	3.135	2.913	2.754	2.633	2.538	2.461
40	5.424	4.051	3.463	3.126	2.904	2.744	2.624	2.529	2.452
41	5.414	4.042	3.454	3.117	2.895	2.736	2.615	2.520	2.443
42	5.404	4.033	3.446	3.109	2.887	2.727	2.607	2.512	2.435
43	5.395	4.024	3.438	3.101	2.879	2.719	2.599	2.504	2.427
44	5.386	4.016	3.430	3.093	2.871	2.712	2.591	2.496	2.419
45	5.377	4.009	3.422	3.086	2.864	2.705	2.584	2.489	2.412
46	5.369	4.001	3.415	3.079	2.857	2.698	2.577	2.482	2.405
47	5.361	3.994	3.409	3.073	2.851	2.691	2.571	2.476	2.399
48	5.354	3.987	3.402	3.066	2.844	2.685	2.565	2.475	2.393
49	5.347	3.981	3.396	3.060	2.838	2.679	2.559	2.464	2.387
50	5.340	3.975	3.390	3.054	2.833	2.674	2.553	2.458	2.381
60	5.286	3.925	3.343	3.008	2.786	2.627	2.507	2.412	2.334
80	5.218	3.864	3.284	2.950	2.730	2.571	2.450	2.355	2.277
120	5.152	3.805	3.227	2.894	2.674	2.515	2.395	2.299	2.222
240	5.088	3.746	3.171	2.839	2.620	2.461	2.341	2.245	2.167
∞	5.024	3.689	3.116	2.786	2.567	2.408	2.288	2.192	2.114

付表 7　F 分布表 (2.5%) (2)

自由度 2 \ 自由度 1	10	12	15	20	24	30	40	60	120	∞
1	968.627	976.708	984.867	993.103	997.249	1001.414	1005.598	1009.800	1014.020	1018.258
2	39.398	39.415	39.431	39.448	39.456	39.465	39.473	39.481	39.490	39.498
3	14.419	14.337	14.253	14.167	14.124	14.081	14.037	13.992	13.947	13.902
4	8.844	8.751	8.657	8.560	8.511	8.461	8.411	8.360	8.309	8.257
5	6.619	6.525	6.428	6.329	6.278	6.227	6.175	6.123	6.069	6.015
6	5.461	5.366	5.269	5.168	5.117	5.065	5.012	4.959	4.904	4.849
7	4.761	4.666	4.568	4.467	4.415	4.362	4.309	4.254	4.199	4.142
8	4.295	4.200	4.101	3.999	3.947	3.894	3.840	3.784	3.728	3.670
9	3.964	3.868	3.769	3.667	3.614	3.560	3.505	3.449	3.392	3.333
10	3.717	3.621	3.522	3.419	3.365	3.311	3.255	3.198	3.140	3.080
11	3.526	3.430	3.330	3.226	3.173	3.118	3.061	3.004	2.944	2.883
12	3.374	3.277	3.177	3.073	3.019	2.963	2.906	2.848	2.787	2.725
13	3.250	3.153	3.053	2.948	2.893	2.837	2.780	2.720	2.659	2.595
14	3.147	3.050	2.949	2.844	2.789	2.732	2.674	2.614	2.552	2.487
15	3.060	2.963	2.862	2.756	2.701	2.644	2.585	2.524	2.461	2.395
16	2.986	2.889	2.788	2.681	2.625	2.568	2.509	2.447	2.383	2.316
17	2.922	2.825	2.723	2.616	2.560	2.502	2.442	2.380	2.315	2.247
18	2.866	2.769	2.667	2.559	2.503	2.445	2.384	2.321	2.256	2.187
19	2.817	2.720	2.617	2.509	2.452	2.394	2.333	2.270	2.203	2.133
20	2.774	2.676	2.573	2.464	2.408	2.349	2.287	2.223	2.156	2.085
21	2.735	2.637	2.534	2.425	2.368	2.308	2.247	2.182	2.114	2.042
22	2.700	2.602	2.498	2.389	2.331	2.272	2.210	2.145	2.076	2.003
23	2.668	2.570	2.466	2.357	2.299	2.239	2.176	2.111	2.041	1.968
24	2.640	2.541	2.437	2.327	2.269	2.209	2.146	2.080	2.010	1.935
25	2.613	2.515	2.411	2.300	2.242	2.182	2.118	2.052	1.981	1.906
26	2.590	2.491	2.387	2.276	2.217	2.157	2.093	2.026	1.954	1.878

27	2.547	2.448	2.344	2.232	2.174	2.112	2.048	1.980	1.907	1.829
28	2.547	2.448	2.344	2.232	2.174	1.112	2.048	1.980	1.907	1.829
29	2.529	2.430	2.325	2.213	2.154	2.092	2.028	1.959	1.886	1.807
30	2.511	2.412	2.307	2.195	2.136	2.074	2.009	1.940	1.866	1.787
31	2.495	2.396	2.291	2.178	2.119	2.057	1.991	1.922	1.848	1.768
32	2.480	2.381	2.275	2.163	2.103	2.041	1.975	1.905	1.831	1.750
33	2.466	2.366	2.261	2.148	2.088	2.026	1.960	1.890	1.815	1.733
34	2.453	2.353	2.248	2.135	2.075	2.012	1.946	1.875	1.799	1.717
35	2.440	2.341	2.235	2.122	2.062	1.999	1.932	1.861	1.785	1.702
36	2.429	2.329	2.223	2.110	2.049	1.986	1.919	1.848	1.772	1.687
37	2.418	2.318	2.212	2.098	2.038	1.974	1.907	1.836	1.759	1.674
38	2.407	2.307	2.201	2.088	2.027	1.963	1.896	1.824	1.747	1.661
39	2.397	2.298	2.191	2.077	2.017	1.953	1.885	1.813	1.735	1.649
40	2.388	2.288	2.182	2.068	2.007	1.943	1.875	1.803	1.724	1.737
41	2.379	2.279	2.173	2.059	1.998	1.933	1.866	1.793	1.714	1.626
42	2.371	2.271	2.164	2.050	1.989	1.924	1.856	1.783	1.704	1.615
43	2.363	2.263	2.156	2.042	1.980	1.916	1.848	1.774	1.794	1.705
44	2.355	2.255	2.149	2.034	1.972	1.908	1.839	1.766	1.685	1.596
45	2.348	2.248	2.141	2.026	1.965	1.900	1.831	1.757	1.677	1.586
46	2.341	2.241	2.134	2.019	1.957	1.893	1.824	1.750	1.668	1.578
47	2.335	2.234	2.127	2.012	1.951	1.885	1.816	1.742	1.661	1.569
48	2.329	2.228	2.121	2.006	1.944	1.879	1.809	1.735	1.653	1.561
49	2.323	2.222	2.115	1.999	1.937	1.872	1.803	1.728	1.646	1.553
50	2.317	2.216	2.109	1.993	1.931	1.866	1.796	1.721	1.639	1.545
60	2.270	2.161	2.061	1.944	1.882	1.815	1.744	1.667	1.581	1.482
80	2.213	2.111	2.003	1.884	1.820	1.752	1.679	1.599	1.508	1.400
120	2.157	2.055	1.945	1.825	1.760	1.690	1.614	1.530	1.433	1.310
240	2.102	1.999	1.888	1.766	1.700	1.629	1.549	1.460	1.354	1.206
∞	2.048	1.945	1.833	1.708	1.640	1.566	1.484	1.388	1.268	1.000

付表 8　F 分布表（1％）(1)

自由度 2 \ 自由度 1	1	2	3	4	5	6	7	8	9
1	4052.181	4999.500	5403.352	5624.583	5763.650	5858.986	5928.356	5981.070	6022.473
2	98.503	99.000	99.166	99.249	99.299	99.333	99.356	99.374	99.388
3	34.116	30.817	29.457	28.710	28.237	27.911	27.672	27.489	27.345
4	21.198	18.000	16.694	15.977	15.522	15.207	14.976	14.799	14.659
5	16.258	13.274	12.060	11.392	10.967	10.672	10.456	10.289	10.158
6	13.745	10.925	9.780	9.148	8.746	8.466	8.260	8.102	7.976
7	12.246	9.547	8.451	7.847	7.460	7.191	6.993	6.840	6.719
8	11.259	8.649	7.591	7.006	6.632	6.371	6.178	6.029	5.911
9	10.561	8.022	6.992	6.422	6.057	5.802	5.613	5.467	5.351
10	10.044	7.559	6.552	5.994	5.636	5.386	5.200	5.057	4.942
11	9.646	7.206	6.217	5.668	5.316	5.069	4.886	4.744	4.632
12	9.330	7.927	5.935	5.412	5.064	4.821	4.640	4.499	4.388
13	9.074	6.701	5.739	5.205	4.862	4.620	4.441	4.302	4.191
14	8.862	6.515	5.564	5.035	4.695	4.456	4.278	4.140	4.030
15	8.683	6.359	5.417	4.893	4.556	4.318	4.142	4.004	3.895
16	8.531	6.226	5.292	4.773	4.437	4.202	4.026	3.890	3.780
17	8.400	6.112	5.185	4.669	4.336	4.102	3.927	3.791	3.682
18	8.285	6.013	5.092	4.579	2.298	1.015	3.841	3.705	3.597
19	8.185	5.926	5.010	4.500	4.171	3.939	3.765	3.631	3.523
20	8.096	5.849	4.938	4.431	4.103	3.871	3.699	3.564	3.457
21	8.017	5.780	4.874	4.369	4.042	3.812	3.640	3.506	3.398
22	7.945	5.719	4.817	4.313	3.988	3.710	3.539	3.406	3.299
23	7.823	5.614	4.718	4.218	3.895	3.667	3.496	3.363	3.256
24	7.770	5.568	4.675	4.177	3.855	3.627	3.457	3.324	3.217
25	7.721	5.526	4.637	4.140	3.818	3.591	3.421	3.288	3.182

27	7.677	5.488	4.601	4.106	3.785	3.558	3.388	3.256	3.149
28	7.636	5.453	4.568	4.074	3.754	3.528	3.358	3.226	3.120
29	7.598	5.420	4.538	4.045	3.725	3.499	3.330	3.198	3.092
30	7.562	5.390	4.510	4.018	3.699	3.473	3.304	3.173	3.067
31	7.530	3.362	4.484	3.993	3.675	3.449	3.281	3.149	3.043
32	7.499	5.336	4.459	3.969	3.652	3.437	3.258	3.127	3.021
33	7.471	3.312	4.437	3.948	3.630	3.406	3.238	3.106	3.000
34	7.444	5.289	4.416	3.927	3.611	3.386	3.218	3.087	2.981
35	7.419	5.268	4.396	3.908	3.592	3.368	3.200	3.069	2.963
36	7.396	5.248	4.377	3.890	3.574	3.351	3.183	3.052	2.946
37	7.373	5.229	4.360	3.873	3.558	3.334	3.167	3.036	2.930
38	7.353	5.211	4.343	3.858	3.542	3.319	3.152	3.021	2.915
39	7.333	5.194	4.327	3.843	3.528	3.305	3.137	3.006	2.901
40	7.314	5.179	4.313	3.828	3.514	3.291	3.124	2.993	2.888
41	7.296	5.163	4.299	3.815	3.501	3.278	3.111	2.980	2.875
42	7.280	5.149	4.285	3.802	3.488	3.266	3.099	2.968	2.863
43	7.264	5.136	4.273	3.790	3.476	3.254	3.087	2.957	2.851
44	7.248	5.123	4.261	3.778	3.465	3.248	3.076	2.946	2.840
45	7.234	5.110	4.249	3.767	3.454	3.232	3.066	2.935	2.830
46	7.220	5.099	4.238	3.757	3.444	3.222	3.056	2.925	2.820
47	7.207	5.087	4.228	3.747	3.434	3.213	3.046	2.916	2.811
48	7.194	5.077	4.218	3.737	3.425	3.204	3.037	2.907	2.802
49	7.182	5.066	4.208	3.728	3.416	3.195	3.028	2.898	2.793
50	7.171	5.057	4.199	3.720	3.408	3.186	3.020	2.890	2.785
60	7.077	4.977	4.126	3.649	3.339	3.119	2.953	2.823	2.718
80	6.963	4.881	4.036	3.563	3.255	3.036	2.871	2.742	2.637
120	6.851	4.787	3.949	3.480	3.174	2.956	2.792	2.663	2.559
240	6.742	4.695	3.864	3.398	3.094	2.878	2.714	2.586	2.482
∞	6.635	4.605	3.782	3.319	3.017	2.802	2.639	2.511	2.407

付表 9　F 分布表（1 %）(2)

自由度 2 \ 自由度 1	10	12	15	20	24	30	40	60	120	∞
1	6055.847	6106.321	6157.285	6208.730	6234.631	6260.649	6286.782	6313.030	6339.391	6365.864
2	99.399	99.416	99.433	99.449	99.458	99.466	99.474	99.482	99.491	99.499
3	27.229	27.052	26.872	26.690	26.598	26.505	26.411	26.316	26.221	26.125
4	14.546	14.374	14.198	14.020	13.929	13.838	13.745	13.652	13.558	13.463
5	10.051	9.888	9.722	9.553	9.466	9.379	9.291	9.202	9.112	9.020
6	7.874	7.718	7.559	7.396	7.313	7.229	7.143	7.057	6.969	6.880
7	6.620	6.469	6.314	6.155	6.074	5.992	5.908	5.824	5.737	5.650
8	5.814	5.667	5.515	5.359	5.279	5.198	5.116	5.032	4.946	4.859
9	5.257	5.111	4.962	4.808	4.729	4.649	4.567	4.483	4.398	4.311
10	4.849	4.706	4.558	4.405	4.327	4.247	4.165	4.082	3.996	3.909
11	4.539	4.397	4.251	4.099	4.021	3.941	3.860	3.776	3.690	3.602
12	4.296	4.155	4.010	3.858	3.780	3.701	3.619	3.535	3.449	3.361
13	4.100	3.960	3.815	3.665	3.587	3.507	3.425	3.341	3.255	3.165
14	3.939	3.800	3.656	3.505	3.427	3.348	3.266	3.181	3.094	3.004
15	3.805	3.666	3.522	3.372	3.294	3.214	3.132	3.047	2.959	2.868
16	3.691	3.553	3.409	3.259	3.181	3.101	3.018	2.933	2.845	2.753
17	3.593	3.455	3.312	3.162	3.084	3.003	2.920	2.835	2.746	2.653
18	3.508	3.371	3.227	3.077	2.999	2.919	2.835	2.749	2.660	2.566
19	3.434	3.297	3.153	3.003	2.925	2.844	2.761	2.674	2.584	2.489
20	3.368	3.231	3.088	2.938	2.859	2.778	2.695	2.608	2.517	2.421
21	3.310	3.173	3.030	2.880	2.801	2.720	2.636	2.548	2.457	2.360
22	3.258	3.121	2.978	2.827	2.749	2.667	2.583	2.495	2.403	2.305
23	3.211	3.074	2.931	2.781	2.702	2.620	2.535	2.447	2.354	2.256
24	3.168	3.032	2.889	2.738	2.659	2.577	2.492	2.403	2.310	2.211
25	3.129	2.993	2.850	2.699	2.620	2.538	2.453	2.364	2.270	2.169
26	3.094	2.958	2.815	2.664	2.585	2.503	2.417	2.327	2.233	2.131

171

27	3.062	2.926	2.783	2.632	2.552	2.470	2.384	2.294	2.198	2.097
28	3.032	2.896	2.753	2.602	2.522	2.440	2.354	2.263	2.167	2.064
29	3.005	2.868	2.726	2.574	2.495	2.412	2.325	2.234	2.138	2.034
30	2.979	2.843	2.700	2.549	2.469	2.386	2.299	2.208	2.111	2.006
31	2.955	2.820	2.677	2.525	2.445	2.362	2.275	2.183	2.086	1.980
32	2.934	2.798	2.655	2.503	2.423	2.340	2.252	2.160	2.062	1.956
33	2.913	2.777	2.634	2.482	2.402	2.319	2.231	2.139	2.040	1.933
34	2.894	2.758	2.615	2.463	2.383	2.299	2.211	2.118	2.019	1.911
35	2.876	2.740	2.597	2.445	2.364	2.281	2.193	2.099	2.000	1.891
36	2.859	2.723	2.580	2.428	2.347	2.263	2.175	2.082	1.981	1.872
37	2.843	2.707	2.564	2.412	2.331	2.247	2.159	2.065	1.964	1.854
38	2.828	2.692	2.549	2.397	2.316	2.232	2.143	2.049	1.947	1.837
39	2.814	2.678	2.535	2.382	2.302	2.217	2.128	2.034	1.932	1.820
40	2.801	2.665	2.522	2.369	2.288	2.203	2.114	2.019	1.917	1.805
41	2.788	2.652	2.509	2.356	2.275	2.190	2.101	2.006	1.903	1.790
42	2.776	2.640	2.497	2.344	2.263	2.178	2.088	1.993	1.890	1.776
43	2.764	2.629	2.485	2.332	2.251	2.166	2.076	1.981	1.877	1.762
44	2.754	2.618	2.475	2.321	2.240	2.155	2.065	1.969	1.865	1.750
45	2.743	2.608	2.464	2.311	2.230	2.144	2.054	1.958	1.853	1.737
46	2.733	2.598	2.454	2.301	2.220	2.134	2.044	1.947	1.842	1.726
47	2.724	2.588	2.445	2.291	2.210	2.124	2.034	1.937	1.832	1.714
48	2.715	2.579	2.436	2.282	2.201	2.115	2.024	1.927	1.822	1.704
49	2.706	2.571	2.427	2.274	2.192	2.106	2.015	1.918	1.812	1.693
50	2.698	2.562	2.419	2.265	2.183	2.098	2.007	1.909	1.803	1.683
60	2.632	2.496	2.352	2.198	2.115	2.028	1.936	1.836	1.726	1.601
80	2.551	2.415	2.271	2.115	2.032	1.944	1.849	1.746	1.630	1.494
120	2.472	2.336	2.192	2.035	1.950	1.860	1.763	1.656	1.533	1.381
240	2.395	2.260	2.114	1.956	1.870	1.778	1.677	1.565	1.432	1.250
∞	2.321	2.185	2.039	1.878	1.791	1.696	1.592	1.473	1.325	1.000

付表 10　フィッシャーの Z 変換 (1)

r	.000	.001	.002	.003	.004	.005	.006	.007	.008	.009
.00	.0000	.0010	.0020	.0030	.0040	.0050	.0060	.0070	.0080	.0090
.01	.0100	.0110	.0120	.0130	.0140	.0150	.0160	.0170	.0180	.0190
.02	.0200	.0210	.0220	.0230	.0240	.0250	.0260	.0270	.0280	.0290
.03	.0300	.0310	.0320	.0330	.0340	.0350	.0360	.0370	.0380	.0390
.40	.0400	.0410	.0420	.0430	.0440	.0450	.0460	.0470	.0480	.0490
.05	.0500	.0510	.0520	.0530	.0540	.0550	.0560	.0570	.0580	.0590
.06	.0600	.0610	.0620	.0630	.0640	.0650	.0660	.0671	.0681	.0691
.07	.0701	.0711	.0721	.0731	.0741	.0751	.0761	.0771	.0781	.0791
.08	.0801	.0811	.0821	.0831	.0841	.0852	.0862	.0872	.0882	.0892
.09	.0902	.0912	.0922	.0932	.0942	.0952	.0962	.0973	.0983	.0993
.10	.1003	.1013	.1023	.1033	.1043	.1053	.1064	.1074	.1084	.1094
.11	.1104	.1114	.1124	.1134	.1144	.1155	.1165	.1175	.1185	.1195
.12	.1205	.1215	.1226	.1236	.1246	.1256	.1266	.1276	.1287	.1297
.13	.1307	.1317	.1327	.1337	.1348	.1358	.1368	.1378	.1388	.1399
.14	.1409	.1419	.1429	.1439	.1450	.1460	.1470	.1480	.1490	.1501
.15	.1511	.1521	.1531	.1542	.1552	.1562	.1572	.1583	.1593	.1603
.16	.1613	.1624	.1634	.1644	.1654	.1665	.1675	.1685	.1696	.1706
.17	.1716	.1726	.1737	.1747	.1757	.1768	.1778	.1788	.1799	.1809
.18	.1819	.1830	.1840	.1850	.1861	.1871	.1881	.1892	.1902	.1913
.19	.1923	.1933	.1944	.1954	.1964	.1975	.1985	.1996	.2006	.2016
.20	.2027	.2037	.2048	.2058	.2069	.2079	.2089	.2100	.2110	.2121
.21	.2131	.2142	.2152	.2163	.2173	.2184	.2194	.2205	.2215	.2226
.22	.2236	.2247	.2257	.2268	.2278	.2289	.2299	.2310	.2320	.2331
.23	.2341	.2352	.2363	.2373	.2384	.2394	.2405	.2415	.2426	.2437
.24	.2447	.2458	.2468	.2479	.2490	.2500	.2511	.2522	.2532	.2543
.25	.2554	.2564	.2575	.2586	.2596	.2607	.2618	.2628	.2639	.2650
.26	.2661	.2671	.2682	.2693	.2704	.2714	.2725	.2736	.2747	.2757
.27	.2768	.2779	.2790	.2801	.2811	.2822	.2833	.2844	.2855	.2865
.28	.2876	.2887	.2898	.2909	.2920	.2931	.2942	.2952	.2963	.2974
.29	.2985	.2996	.3007	.3018	.3029	.3040	.3051	.3062	.3073	.3084
.30	.3095	.3106	.3117	.3128	.3139	.3150	.3161	.3172	.3183	.3194
.31	.3205	.3216	.3227	.3238	.3249	.3260	.3271	.3283	.3294	.3305
.32	.3316	.3327	.3338	.3349	.3361	.3372	.3383	.3394	.3405	.3417
.33	.3428	.3439	.3450	.3461	.3473	.3484	.3495	.3507	.3518	.3529
.34	.3540	.3552	.3563	.3574	.3586	.3597	.3608	.3620	.3631	.3643
.35	.3654	.3665	.3677	.3688	.3700	.3711	.3722	.3734	.3745	.3757
.36	.3768	.3780	.3791	.3803	.3814	.3826	.3837	.3849	.3861	.3872
.37	.3884	.3895	.3907	.3919	.3930	.3942	.3953	.3965	.3977	.3988
.38	.4000	.4012	.4023	.4035	.4047	.4059	.4070	.4082	.4094	.4106
.39	.4118	.4129	.4141	.4153	.4165	.4177	.4188	.4200	.4212	.4224
.40	.4236	.4248	.4260	.4272	.4284	.4296	.4308	.4320	.4332	.4344
.41	.4356	.4368	.4380	.4392	.4404	.4416	.4428	.4440	.4452	.4464
.42	.4476	.4489	.4501	.4513	.4525	.4537	.4550	.4562	.4574	.4586
.43	.4598	.4611	.4623	.4635	.4648	.4660	.4672	.4685	.4697	.4709
.44	.4722	.4734	.4747	.4759	.4772	.4784	.4796	.4809	.4821	.4834
.45	.4847	.4859	.4872	.4884	.4897	.4909	.4922	.4935	.4947	.4960
.46	4973	.4985	.4998	.5011	.5023	.5036	.5049	.5062	.5075	.5087
.47	.5100	.5113	.5126	.5139	.5152	.5165	.5178	.5190	.5203	.5216
.48	.5229	.5242	.5255	.5268	.5281	.5295	.5308	.5321	.5334	.5347
.49	.5360	.5373	.5386	.5400	.5413	.5426	.5439	.5453	.5466	.5479

(付表10，11，12は遠藤和男ら『医学統計テキスト』西村書店より引用)

付表 11 フィッシャーの Z 変換 (2)

r	.000	.001	.002	.003	.004	.005	.006	.007	.008	.009
.50	.5493	.5506	.5519	.5533	.5546	.5559	.5573	.5586	.5600	.5613
.51	.5627	.5640	.5654	.5667	.5681	.5695	.5708	.5722	.5736	.5749
.52	.5763	.5777	.5790	.5804	.5818	.5832	.5845	.5859	.5873	.5887
.53	.5901	.5915	.5929	.5943	.5957	.5971	.5985	.5999	.6013	.6027
.54	.6041	.6055	.6069	.6084	.6098	.6112	.6126	.6140	.6155	.6169
.55	.6183	.6198	.6212	.6226	.6241	.6255	.6270	.6284	.6299	.6313
.56	.6328	.6342	.6357	.6372	.6386	.6401	.6416	.6430	.6445	.6460
.57	.6475	.6490	.6504	.6519	.6534	.6549	.6564	.6579	.6594	.6609
.58	.6624	.6639	.6654	.6669	.6685	.6700	.6715	.6730	.6746	.6761
.59	.6776	.6792	.6807	.6822	.6838	.6853	.6869	.6884	.6900	.6915
.60	.6931	.6947	.6962	.6978	.6994	.7009	.7025	.7041	.7057	.7073
.61	.7089	.7105	.7121	.7137	.7153	.7169	.7185	.7201	.7217	.7233
.62	.7250	.7266	.7282	.7298	.7315	.7331	.7348	.7364	.7381	.7397
.63	.7414	.7430	.7447	.7464	.7480	.7497	.7514	.7531	.7547	.7564
.64	.7581	.7598	.7615	.7632	.7649	.7666	.7684	.7701	.7718	.7735
.65	.7752	.7770	.7787	.7805	.7822	.7840	.7857	.7875	.7892	.7910
.66	.7928	.7945	.7963	.7981	.7999	.8017	.8035	.8053	.8071	.8089
.67	.8107	.8125	.8143	.8162	.8180	.8198	.8217	.8235	.8254	.8272
.68	.8291	.8309	.8328	.8347	.8365	.8384	.8403	.8422	.8441	.8460
.69	.8479	.8498	.8517	.8537	.8556	.8575	.8595	.8614	.8633	.8653
.70	.8673	.8692	.8712	.8732	.8751	.8771	.8791	.8811	.8831	.8851
.71	.8871	.8892	.8912	.8932	.8952	.8973	.8993	.9014	.9035	.9055
.72	.9076	.9097	.9118	.9139	.9160	.9181	.9202	.9223	.9244	.9265
.73	.9287	.9308	.9330	.9351	.9373	.9395	.9416	.9438	.9460	.9482
.74	.9504	.9526	.9549	.9571	.9593	.9616	.9638	.9661	.9683	.9706
.75	.7929	.9752	.9775	.9798	.9821	.9844	.9868	.9891	.9914	.9938
.76	.9962	.9985	1.0009	1.0033	1.0057	1.0081	1.0105	1.0130	1.0154	1.0178
.77	1.0203	1.0227	1.0252	1.0277	1.0302	1.0327	1.0352	1.0377	1.0402	1.0428
.78	1.0453	1.0479	1.0504	1.0530	1.0556	1.0582	1.0608	1.0635	1.0661	1.0687
.79	1.0714	1.0740	1.0767	1.0794	1.0821	1.0848	1.0875	1.0903	1.0930	1.0958
.80	1.0986	1.1013	1.1041	1.1070	1.1098	1.1126	1.1155	1.1183	1.1212	1.1241
.81	1.1270	1.1299	1.1328	1.1358	1.1387	1.1417	1.1447	1.1477	1.1507	1.1537
.82	1.1568	1.1598	1.1629	1.1660	1.1691	1.1722	1.1754	1.1785	1.1817	1.1849
.83	1.1881	1.1913	1.1946	1.1978	1.2011	1.2044	1.2077	1.2110	1.2144	1.2177
.84	1.2211	1.2245	1.2280	1.2314	1.2349	1.2384	1.2419	1.2454	1.2489	1.2525
.85	1.2561	1.2597	1.2634	1.2670	1.2707	1.2744	1.2781	1.2819	1.2857	1.2895
.86	1.2933	1.2971	1.3010	1.3049	1.3089	1.3128	1.3168	1.3208	1.3249	1.3289
.87	1.3330	1.3372	1.3413	1.3455	1.3497	1.3540	1.3583	1.3626	1.3669	1.3713
.88	1.3757	1.3802	1.3847	1.3892	1.3937	1.3983	1.4030	1.4076	1.4123	1.4171
.89	1.4219	1.4267	1.4316	1.4365	1.4415	1.4465	1.4515	1.4566	1.4617	1.4669
.90	1.4722	1.4775	1.4828	1.4882	1.4936	1.4991	1.5047	1.5103	1.5160	1.5217
.91	1.5275	1.5333	1.5392	1.5452	1.5513	1.5574	1.5635	1.5698	1.5761	1.5825
.92	1.5890	1.5955	1.6022	1.6089	1.6157	1.6225	1.6295	1.6366	1.6437	1.6510
.93	1.6583	1.6658	1.6734	1.6810	1.6888	1.6967	1.7047	1.7128	1.7211	1.7295
.95	1.7380	1.7467	1.7555	1.7644	1.7735	1.7828	1.7922	1.8018	1.8116	1.8216
.95	1.8317	1.8421	1.8527	1.8634	1.8744	1.8857	1.8972	1.9089	1.9210	1.9333
.96	1.9459	1.9588	1.9720	1.9856	1.9996	2.0139	2.0286	2.0438	2.0595	2.0756
.97	2.0922	2.1095	2.1273	2.1457	2.1648	2.1847	2.2053	2.2269	2.2494	2.2729
.98	2.2975	2.3234	2.3507	2.3795	2.4101	2.4426	2.4774	2.5147	2.5549	2.5987
.99	2.6466	2.6995	2.7587	2.8257	2.9030	2.9944	3.1063	3.2503	3.4533	3.8002

付表 12 マンホイットニーの U 検定表

下側 $\frac{\alpha}{2}=0.025$ （$\alpha=5\%$）

B＼A	1	2	3	4	5	6	7	8	9	10	11	12	13	14	15	16	17	18	19	20
1	—																			
2	—	—																		
3	—	—	—																	
4	—	—	—	0																
5	—	—	0	1	2															
6	—	—	1	2	3	5														
7	—	—	1	3	5	6	8													
8	—	0	2	4	6	8	10	13												
9	—	0	2	4	7	10	12	15	17											
10	—	0	3	5	8	11	14	17	20	23										
11	—	0	3	6	9	13	16	19	23	26	30									
12	—	1	4	7	11	14	18	22	26	29	33	37								
13	—	1	4	8	12	16	20	24	28	33	37	41	45							
14	—	1	5	9	13	17	22	26	31	36	40	45	50	55						
15	—	1	5	10	14	19	24	29	34	39	44	49	54	59	64					
16	—	1	6	11	15	21	26	31	37	42	47	53	59	64	70	75				
17	—	2	6	11	17	22	28	34	39	45	51	57	63	69	75	81	87			
18	—	2	7	12	18	24	30	36	42	48	55	61	67	74	80	86	93	99		
19	—	2	7	13	19	25	32	38	45	52	58	65	72	78	85	92	99	106	113	
20	—	2	8	14	20	27	34	41	48	55	62	69	76	83	90	98	105	112	119	127

付表 13 順位相関係数の片側検定表

例数＼α	0.05	0.01
4	1.000	—
5	.900	1.000
6	.829	.943
7	.714	.893
8	.643	.833
9	.600	.783
10	.564	.746

付表14　ギリシャ文字

文字		字訳	字名	イギリス読み	ドイツ読み
A	α	a	alpha	アルファ	
B	β	b	beta	ビータ	ベータ
Γ	γ	g	gamma	ガンマ	
Δ	δ	d	delta	デルタ	
E	ε	e	epsilon	エプサイロン	エプシロン
Z	ζ	z	zeta	ジータ	ゼータ
H	η	ē	eta	イータ	エータ
Θ	θ	th	theta	スィータ	テータ
I	ι	i	iota	アイオータ	イオタ
K	κ	k	kappa	カッパ	
Λ	λ	l	lambda	ラムダ	
M	μ	m	mu	ミュー	ムー
N	ν	n	nu	ニュー	ヌー
Ξ	ξ	x	xi	ザイ，サイ	クシー
O	o	o	omicron	オマイクロン	オミクロン
Π	π	p	pi	パイ	ピー
P	ρ	r	rho	ロー	
Σ	σ, ς	s	sigma	シグマ	
T	τ	t	tau	トウ	タウ
Υ	υ	u	upsilon	ウプサイロン	ウプシロン
Φ	ϕ	ph	phi	ファイ	フィー
X	χ	kh, ch	chi	カイ	キー
Ψ	ψ	ps	psi	サイ	プシー
Ω	ω	ō	omega	オミーガ	オメガ

索引

◆あ行

イェーツ（Yates）の修正　96
一元配置法　124
因子分析　123

F　55, 126
　── 分布　26, 54
　── 分布表　55, 160, 162,
　　164, 166, 168, 170

折れ線グラフ　14

◆か行

χ^2（カイ2乗）　83
　── 検定　91
　── 分布表　84, 159
　── 分布曲線　84
下限　25
仮説　25
確率　27
観測値　82

危険率　27
期待値　82
帰無仮説　25
棄却域　26
棄却限界法　36
逆相関　105
級間隔　11
級間変動　125, 126
級内変動　125, 126
級の数　11

クラスタ分析　123

計数データ　3
計量データ　3
決定係数　132

検出力　28
検定　25
ケンドール（Kendall）の順位
　相関係数　116
Gosset W. S.　33

◆さ行

最小二乗法　129
最頻値　4
散布図　105, 107
散布度　5
算術平均値　3
残差　129
サンプル　1

シェッフェのS検査（Sheffes' S-test）　127
4分表　85
自由度　6
実験計画法　123
実測値　82
主効果　126
主成分分析　123
重回帰式(線形重回帰モデル)
　　　　　　　　129
重回帰分析　123, 129
重相関係数　129
順位相関　108, 115
　── 係数　116
順位相関係数の片側検定表
　　　　　　　　174
順相関　105
純無作為抽出法　2
上限　25
信頼区間　25
信頼限界　25
信頼度　25

スピアマン（Spearman）順位
相関係数　116
スタージ（Sturge）規則　11
student　33, 55
スチューデント（student）の
　t 検定　55
スミルノフ（Smirnoff）
　── 棄却検定法　39
　── の式　40
　── の表　40
推計学　24
推定　24
数量化理論2類　136

正規型　22
正規分布　15, 22
正規分布曲線　15
正規分布表　24, 158
正規母集団　22
正常範囲　36
正の相関　105
Z　109
　── 変換　108
説明変数　122
線型判別関数　134
線型補間法　88
全変動　124

相加平均値　3
相関　104
　── 関係　104, 105, 106
相関係数　105, 106
層別抽出法　2

◆た行

ダンカン（Duncan）検査　127
多重比較　127
多変量解析　122
対応のある2つの標本平均の
　比較　70

対応のない2つの標本平均の
　比較　50
対数正規型　22
代表値　3
第1種の誤り　27
第2種の誤り　27
多段抽出法　2
単回帰(相関)分析　129
単相関　132

中央値　4
直接確率計算法　95
直線型相関　105

T　40
t　33, 45, 56, 63, 109
── 分布　26, 33
── 分布表　33, 158
── の値　33
定性的データ　3
定量的データ　3
的中率　135
テューキーq検査 (Tukey's q-test)　127

度数　11
── 曲線　15
── 分布表　10, 14
統計量　22
等平均の検定　56
等分散の検定　57

◆な行

並数　4

2×2分割表　85
二元配置法　124

◆は行

バイアス　1
判別関数　135
判別得点　135
判別分析　122, 123, 132
R. A. Fisher　95, 108

ヒストグラム　14
非線型相関　105
比率　1
百分率　3, 77
標準誤差　5, 9
標準正規分布　23
標準偏回帰係数　129
標準偏差　2, 5, 7, 8, 12, 109
標本　1, 21
── 相関係数　22, 107
── 百分率　82
── 標準偏差　22
── 分散　22
── 平均　22

不偏推定量　7, 32
不偏分散　7, 32
不偏分散比　54
負の相関　105
分散　5, 6
── 分析法　124
── 分析表　125
分布曲線　23

平均値　4
片側検定法　43, 47
変数選択法　132
変数増加法　132
変動　5
── 係数　5
変量分析　122

◆ま行

マクニマー (McNemar) 検定
　法　97
マンホイットニー (Mann-Whitney) のU検定　65
マンホイットニーのU検定表　174
無作為抽出法　2

目的変数　122

◆や行

有意水準　27
有意の差　27

◆ら行

ライアン (Ryan) の方法　127
理論値　82
流行値　4
両側検査法　43, 47
累積和　17

ロジスティック回帰分析　136

偏回帰係数　129
偏差　11
── 平方和　5, 6
偏相関係数　131

母集団　1, 21
── の正常範囲　36
母数　22
母相関係数　22, 107
母百分率　78
母標準偏差　22
母分散　22, 54
母平均の推定　29